与一带一路欧洲650年名校匈牙利（国立）佩奇大学共同探索教授治学

Exploring the Education Teaching with the European 650-Year-old University of Pecs of Hungary(National) Under the One Belt and One Road

十年十件

TEN IN TEN YEARS

2018 创基金·四校四导师·实验教学课题

2018 Chuang Foundation · 4&4 Workshop · Experiment Project

中国高等院校环境设计学科带头人论设计教育学术论文

第十届中国建筑装饰卓越人才计划奖

The 10th China Building Decoration Outstanding Telented Award

主　编	Chief Editor
王　铁	Wang Tie

副主编	Associate Editor
张　月	Zhang Yue
彭　军	Peng Jun
巴林特	Balint Bachmann
高　比	Medvegy Gabriella
金　鑫	Jin Xin
薛青松	Xue Qingsong
段邦毅	Duan Bangyi
陈华新	Chen Huaxin
谭大珂	Tan Dake
潘召南	Pan Zhaonan
郑革委	Zheng Gewei
陈建国	Chen Jianguo
韩　军	Han Jun
贺德坤	He Dekun
刘　岩	Liu Yan
江　波	Jiang Bo
王双全	Wang Shuangquan
张国峰	Zhang Guofeng
梁　冰	Liang Bing
赵　宇	Zhao Yu
公　伟	Gong Wei
钱晓宏	Qian Xiaohong
焦　健	Jiao Jian

中国建筑工业出版社

图书在版编目（CIP）数据

十年十件　2018创基金·四校四导师·实验教学课题　中国高等院校环境设计学科带头人论设计教育学术论文 / 王铁主编. —北京：中国建筑工业出版社，2019.5

ISBN 978-7-112-23620-6

Ⅰ.①十… Ⅱ.①王… Ⅲ.①环境设计-教学研究-高等学校-文集 Ⅳ.①TU-856

中国版本图书馆CIP数据核字（2019）第071802号

本书是第十届"四校四导师"实验教学课题的过程记录及成果总结，内含中国高等院校环境设计学科带头人关于设计教育的学术论文。全书对学生和教师来说具有较强的可参考性和实用性，适于高等院校环境艺术设计专业学生、教师参考阅读。

责任编辑：杨　晓　唐　旭
责任校对：赵　颖

十年十件　2018创基金·四校四导师·实验教学课题
中国高等院校环境设计学科带头人论设计教育学术论文
第十届中国建筑装饰卓越人才计划奖
主　编　王　铁
副主编　张　月　彭　军　巴林特　高　比　金　鑫
　　　　薛青松　段邦毅　陈华新　谭大珂　潘召南
　　　　郑革委　陈建国　韩　军　贺德坤　刘　岩
　　　　江　波　王双全　张国峰　梁　冰　赵　宇
　　　　公　伟　钱晓宏　焦　健
排　版　贺德坤　宋　怡　陈晓艺　毕　成　才俊杰
会议文字整理　宋　怡　陈晓艺　毕　成
*
中国建筑工业出版社出版、发行（北京海淀三里河路9号）
各地新华书店、建筑书店经销
北京锋尚制版有限公司制版
北京富诚彩色印刷有限公司印刷
*
开本：880×1230毫米　1/16　印张：9½　字数：329千字
2019年6月第一版　　2019年6月第一次印刷
定价：98.00元
ISBN 978-7-112-23620-6
　　（33867）

版权所有　翻印必究
如有印装质量问题，可寄本社退换
（邮政编码　100037）

感谢深圳市创想公益基金会、鲁班学院
对 2018 创基金·四校四导师·实验教学课题的公益支持

　　深圳市创想公益基金会，简称"创基金"，是中国设计界第一次自发性发起、组织、成立的公益基金会（慈善组织），由邱德光、林学明、梁景华、梁志天、梁建国、陈耀光、姜峰、戴昆、孙建华、琚宾十位来自中国内地、香港、台湾的室内设计师于2014年共同创立。以"求创新、助创业、共创未来"为使命，以"资助设计教育，推动学术研究；帮扶设计人才，激励创新拓展；支持业界交流，传承中华文化"为宗旨，帮扶、推动设计教育，艺术文化，建筑、室内设计等领域的众多优秀项目及公益活动的开展。创基金于2017年先后新增加六位理事，张清平、陈德坚、吴滨、童岚、瞿广慈、刘晓丹，与创基金携手共进，共同推动公益事业的发展。
　　2018年，鲁班学院作为创基金的爱心企业定向捐赠2018创基金·四校四导师·实验教学课题项目，共同助力设计教育的发展。

感谢金狮王陶瓷企业
对 2018 创基金·四校四导师·实验教学课题的公益支持

　　金狮王陶瓷成立于1999年，是中国建筑卫生陶瓷协会副会长单位、中国建陶行业最具实力的20家制造与流通企业联合成立的中陶投资发展有限公司股东单位之一，公司旗下核心品牌金狮王陶瓷，凭借自主创新、品质过硬的优势，连年荣获"陶瓷行业新锐榜年度最佳产品"、"中国仿古砖十大品牌"、"中国大理石十大品牌"、"工匠楷模"等荣誉称号，并在首届"中国意大利陶瓷设计大奖"中获得金奖等行业顶尖殊荣。

　　金狮王陶瓷自成立以来始终坚持创新品质，早在2000年就邀请意大利的品质管理团队进行专项培训指导，通过不断学习和实践，逐步建立起自己的品质管理团队；通过不断研究国内外经验，并与全球各大研发机构进行合作，总结出自己的瓷砖核心技术，形成实用性、艺术性、功能性和定制化为一体的产品研发理念，逐步将产品做到极致，以创新品质践行"工匠精神"。

　　"中国瓷砖艺术研究院"、"中国建筑卫生陶瓷行业防滑砖研究中心"相继落户金狮王陶瓷，使金狮王在瓷砖的艺术性、功能性等方面的研发、推广更具优势，极大地推动了瓷砖产品与人们的生活品质、文化品位的结合，瓷砖不再是单纯的装饰材料，更是精美的艺术品，并与人们的生活紧密结合。

　　金狮王陶瓷围绕实现人们梦想中的生活空间进行产品研发，让每一个空间选用的瓷砖都别具风格。耐磨、强度、防污、防滑、抗菌、窑变、艺术、定制的八大优势，使瓷砖更深入切合生活、具有更高的附加值。

　　在持续做好专卖店建设、经销商服务的同时，结合市场趋势金狮王陶瓷全面开展与各大高等艺术院校、设计院、设计师及房地产开发企业、家装整装服务商的合作，并着手在各主要省市成立分公司，以发展的眼光战略布局市场，迅速落地执行，市场份额逐年提高，进入发展快车道！

课题院校学术委员会
4&4 Workshop Project Committee

中央美术学院 建筑设计研究院
王铁 教授 院长
Architectural Design and Research Institute, Central Academy of Fine Arts
Prof. Wang Tie, Dean

清华大学 美术学院
张月 教授
Academy of Arts & Design, Tsinghua University
Prof. Zhang Yue

天津美术学院 环境与建筑设计学院
彭军 教授 院长
School of Environment and Architectural Design, Tianjin Academy of Fine Arts
Prof. Peng Jun, Dean

佩奇大学 工程与信息技术学院
金鑫 副教授
Faculty of Engineer and Information Technology, University of Pecs
A./Prof. Jin xin

四川美术学院 设计艺术学院
潘召南 教授
Academy of Arts & Design, Sichuan Fine Arts Institute
Prof. Pan Zhaonan

湖北工业大学 艺术设计学院
郑革委 教授
Academy of Arts & Design, Hubei Industry University
Prof. Zheng Gewei

广西艺术学院 建筑艺术学院
陈建国 副教授
Academy of Arts & Architecture, Guangxi Arts Institute of China
A./Prof. Chen Jianguo

辽宁科技大学 建筑与艺术设计学院
张国峰 教授
College of Architecture and Art Design, Liaoning University of Science and Technology
Prof. Zhang Guofeng

武汉理工大学 艺术设计学院
王双全 教授
College of Art and Design, Hubei University of Technology
Prof. Wang Shuangquan

中央美术学院 建筑学院
侯晓蕾 副教授
School of Architecture, Central Academy of Fine Arts
A./Prof. Hou xiaolei

浙江工业大学 艺术设计学院
吕勤智 教授
School of Art and Design, Zhejiang University of Technology
Prof. Lü Qinzhi

吉林艺术学院 设计学院
刘岩 副教授
Academy of Design, Jilin Arts Institute of China
A./Prof. Liu Yan

山东师范大学 美术学院
刘云副 教授
School of Fine Arts, Shandong Normal University
Prof. Liu Yunfu

内蒙古科技大学 建筑学院
左云 教授
College of Architecture, Inner Mongolia University of Science and Technology
Prof. Zuo Yun

山东建筑大学 艺术学院
陈淑飞 副教授
School of Art, Shandong University of Architecture
A./Prof. Chen Shufei

青岛理工大学 艺术与设计学院艺术研究所
贺德坤 所长
College of Art and Design Institute of Art, Qingdao University of Science and Technology
He Dekun, Director

曲阜师范大学 美术学院
梁冰 副教授
Academy of Fine Arts, Qufu Normal University
A./Prof. Liang Bing

湖南师范大学 美术学院
王小保 教授
Academy of Fine Arts, Hunan Normal University
Prof. Wang xiaobao

苏州大学 金螳螂建筑学院
钱晓宏 教授
Golden Mantis School of Architecture, Suzhou University
Prof. Qian xiaohong

北京林业大学 艺术设计学院
公伟 副教授
School of Art and Design, Beijing Forestry University
A./Prof. Gong Wei

齐齐哈尔大学 美术与艺术设计学院
焦健 副教授
Academy of Fine Arts and Art Design, Qiqihar University
A./Prof. Jiao Jian

佩奇大学工程与信息技术学院
University of Pecs
Faculty of Engineering and Information Technology

"四校四导师"毕业设计实验课题已经纳入佩奇大学建筑教学体系,并正式成为教学日程中的重要部分。课题中获得优秀成绩的同学成功考入佩奇大学工程与信息技术学院攻读硕士学位。

The 4&4 workshop program is a highlighted event in our educational calendar. Outstanding students get the admission to study for Master's degree Faculty of Engineering and Information Technology, in University of Pecs.

佩奇大学工程与信息技术学院简介

佩奇大学是匈牙利国立高等教育机构之一，在校生约26000名。早在1367年，匈牙利国王路易斯创建了匈牙利的第一大学——佩奇大学。佩奇大学设有10个学院，在匈牙利高等教育领域起着重要的作用。大学提供多种国际认可的学位教育和科研项目。目前，每年我们接收来自60多个国家的近2000名国际学生。30多年来，我们一直为国际学生提供完整的本科、硕士、博士学位的英语教学课程。

佩奇大学的工程和信息学院是匈牙利最大、最活跃的科技高等教育机构之一，拥有成千上万的学生和40多年的教学经验。此外，我们作为国家科技工程领域的技术堡垒，是匈牙利南部地区最具影响力的教育和科研中心。我们的培养目标是：使我们的毕业生始终处于他们职业领域的领先地位。学院提供与行业接轨的各类课程，并努力让我们的学生掌握将来参加工作所必备的各项技能。在校期间，学生们参与大量的实践活动。我们旨在培养具有综合能力的复合型专业人才，他们充分了解自己的长处和弱点，并能够行之有效地表达自己。通过在校的学习，学生们更加具有批判性思维能力、广阔的视野，并且宽容和善解人意，在他们的职业领域内担当重任并不断创新。

作为匈牙利最大、最活跃的科技领域的高等教育机构之一，我们始终使用得到国际普遍认可的当代教育方式。我们的目标是提供一个灵活的、高质量的专家教育体系结构，从而可以很好地满足学生在技术、文化、艺术的要求，同时也顺应了自21世纪以来社会发生巨大转型的欧洲社会。我们理解当代建筑；我们知道过去的建筑教育架构；我们和未来的建筑工程师们一起学习和工作；我们坚持可持续发展；我们重视自然环境；我们专长于建筑教育!我们的教授普遍拥有国际教育或国际工作经验；我们提供语言课程；我们提供国内和国际认可的学位。我们的课程与国际建筑协会有密切的联系与合作，目的是为学生提供灵活且高质量的研究环境。我们与国际多个合作院校彼此提供交换生项目或留学计划，并定期参加国际研讨会和展览。我们大学的硬件设施达到欧洲高校的普遍标准。我们通过实际项目一步一步地引导学生。我们鼓励学生发展个性化的、创造性的技能。

博士院的首要任务是：为已经拥有建筑专业硕士学位的人才和建筑师提供与博洛尼亚相一致的高标准培养项目。博士院是最重要的综合学科研究中心，同时也是研究生的科研研究机构，提供各级学位课程的高等教育。学生通过参加脱产或在职学习形式的博士课程项目达到要求后可拿到建筑博士学位。学院的核心理论方向是经过精心挑选的，并能够体现当代问题的体系结构。我们学院最近的一个项目就是为佩奇市的地标性建筑——古基督教墓群进行遗产保护，并负责再设计（包括施工实施）。该建筑被联合国教科文组织命名为世界遗产，博士院为此做出了杰出的贡献并起到关键性的作用。参与该项目的学生们根据自己在此项目中参与的不同工作，将博士论文分别选择了不同的研究方向：古建筑的开发和保护领域、环保、城市发展和建筑设计，等等。学生的论文取得了有价值的研究成果，学院鼓励学生们参与研讨会、申请国际奖学金并发展自己的项目。

我们是遗产保护的研究小组。在过去的近40年里，佩奇的历史为我们的研究提供了大量的课题。在过去的30年里，这些研究取得巨大成功。2010年，佩奇市被授予欧洲文化之都的称号。与此同时，早期基督教墓地极其复杂的修复和新馆的建设工作也完成了。我们是空间制造者。第13届威尼斯建筑双年展，匈牙利馆于2012年由我们的博士生设计完成。此事所取得的成功轰动全国，展览期间，我们近500名学生展示了他们的作品模型。我们是国际创新型科研小组。我们为学生们提供接触行业内活跃的领军人物的机会，从而提高他们的实践能力，同时也为行业不断增加具有创新能力的新生代。除此之外，我们还是创造国际最先进的研究成果的主力军，我们将不断更新、发展我们的教育。专业分类：建筑工程设计系、建筑施工系、建筑设计系、城市规划设计系、室内与环境设计系、建筑和视觉研究系。

佩奇大学工程与信息技术学院
院长 巴林特
Faculty of Engineering and Information Technology
University of Pecs
Pro. Balint Bachmann, Dean
23th October 2018

布达佩斯城市大学
Budapest Metropolitan University

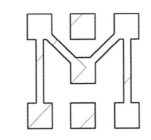

布达佩斯城市大学简介

　　布达佩斯城市大学是匈牙利和中欧地区具有规模的私立大学之一，下设3个学院和校区，学历被匈牙利和欧盟认可，同时得到中国教育部的认可（学校原名是BKF，在中国教育部教育涉外监管网排名第六位），该校成立于2001年。在校学生约8000人，其中有国际学生500名左右，分别来自6个大洲70多个国家，大学下辖5个学院，采用ECTS学分制教学。英语授课项目主要集中在主教学楼授课，环境优美，并伴有现代化建筑。由欧盟共同投资的新落成的多功能教学楼是第一座投资近10亿福林的教学楼，学生们可以使用覆盖整个大学的WiFi网络及电脑室。

　　艺术学院坐落在市中心7区Rózsa大街上，该校区在2014年进行过维修和重建。学院提供艺术课程所需的工作室与教室，包括摄影工作室和实验室、摄影师工作室、（电影）剪接室、动漫教室等。大学同时还是世界上极少数具有Leonar 3 Do 实验室及交互3D软件的大学之一，给予学生在真实的空间中学习的机会。

　　2016年开始，布达佩斯城市大学开始和中国国际教育研究院（CIIE）沟通，积极来华访问，并在2017年在CIIE的协助下，和中国国内多所大学开展了合作。

　　2017年2月27日，第89届奥斯卡金像奖颁奖礼在美国举行，该校教授Kristóf Deák指导的《校合唱团的秘密》获得奥斯卡最佳真人短片奖。

前言·十年十件
Preface: Ten in Ten Years

中央美术学院建筑设计研究院院长　博士生导师　王铁教授
Architectural Design and Research Institute, Central Academy of Fine Arts, Professor Wang Tie

　　21所中外高等院校教师，累计十个春秋做十件事，听起来就是不一般的事，这就是中国建筑装饰卓越人才计划4×4实践教学课题，是创基金荣誉的课题。十年初心对于课题研究需要毅力，师生们用多少天完成了高质量课题无须统计，坚持中的不断坚持就是答案。在2018年的金色秋季全体课题师生交上用近半年时间完成的2018创基金4×4（四校四导师）实践教学课题成果，脸上露出喜悦，透着幸福与疲惫，从精神饱满、意气风发的面容看得出这是发自内心的放松。伴随着颁奖典礼优美的音乐声，现场充满着学术氛围，全体课题师生在"一带一路"上的欧洲名校匈牙利（国立）佩奇大学展厅，举行中国建筑装饰卓越人才计划、2018创基金4×4实践教学课题师生优秀作品展。佩奇大学领导与中外师生共同见证辉煌时刻，展厅中师生们欢快地交流、彼此鼓励地观看着作品。这一刻我大脑中浮现出4×4十年以来发展的景象如同一部电影般。从5月开始在21所院校的师生共同努力下，历经开题，中期1、中期2以及最终答辩四个阶段。课题师生从河北承德出发，经过辽宁鞍山，再到河北承德、终点匈牙利（国立）佩奇大学，完成了第十届4×4实践教学课题。教学价值和深远意义为探索中国高等教育设计学科研究实践教学走出了一小步，取得如此成绩靠的是21所高等院校学科带头人，毫不娇气地说是高等教育设计学科历史上最豪华的毕业课题。

　　在今天教师的视野决定素质和前瞻，视野对于教与学至关重要，视野在前进途中是正确判断事务的基础，是校正视距目标不可缺少的"导航仪"，教师建立理性立体的学术简历靠的是视野与能力来支撑兑现成果，可以说实践教学是检验教师治学态度的唯一标准。

　　回顾2015年4×4实践教学与深圳创想公益基金会合作时，强调开始探索高等教育设计专业教学国际化，同年课题组恰逢与"一带一路"明珠国家匈牙利（国立）佩奇大学签署课题五年合作备忘录，共同强调打破壁垒设计教学国际化，五年来课题组带领21所中国高等院校每年往返于欧亚，开展中国建筑装饰卓越人才计划。五年来每当课题即将收尾的这一刻，全体师生不由得从内心里感谢深圳市创想公益基金会的解囊创举。教师作品在佩奇大学展出，以及引起欧盟教育机构的关注，受益院校和师生连年增加。五年来教师相互鼓励、共同进步，参加课题学生已有15名博士研究生、12名硕士研究生留学匈牙利（国立）佩奇大学。回顾课题五年中与"一带一路"明珠国家匈牙利（国立）佩奇大学合作，从教师们五年来各自论文的内容可以得出"十年十件"的坚持，全体教师倍感欣慰，交流使欧亚高等院校设计教育达到显著成效，建立起互联互通教学研究机制是更加紧密合作的开始，其价值成果和意义深远。

王铁 教授、博士生导师
中央美术学院建筑设计研究院院长
2019年03月22日青岛

目 录
Contents

课题院校学术委员会
佩奇大学工程与信息技术学院简介
布达佩斯城市大学简介
前言·十年十件
2018创基金（四校四导师）4×4实验教学课题"人居环境与乡村建筑设计研究"主题设计教案 …… 014
责任导师组 …… 020
课题督导 …… 021
实践导师组 …… 021
特邀导师组 …… 021
设计实践教学奇迹/王铁 …… 022
兴隆县美丽乡村宜居环境整治实践/薛青松 …… 028
郭家庄景观研究与风景园林空间设计/侯晓蕾 …… 031
设计教育思考维度/张月 …… 036
4×4历程·专业教学探索/彭军 …… 041
回顾·静心·思考/高颖 …… 047
河北承德市兴隆县郭家庄实地设计教学的启示/刘云 …… 052
卓越人才培养路径的回顾与再思考/段邦毅 …… 056
十年砥砺 教学相长/陈华新 …… 060
乡村生态景观构建教学思考/陈淑飞 …… 065
躬耕十年、跨域五载/潘召南 …… 070
设计学视角下的美丽乡村建设/郑革委 …… 074
设计教育成功模式/江波 …… 078
知识与实践型人才培养教学模式研究/刘岩 …… 083
中东欧山地建筑空间形态比较/贺德坤 …… 089
教学之外的思考/梁冰 …… 094
设计教学的延续/钱晓宏 …… 098
领·体·径/公伟 …… 105
中欧设计教学交流引发的取向思考/葛丹 …… 109
功能使命：匈牙利商业街区景观研究/韩军 …… 114
资源·模式·打破堡垒/左云 …… 120
教学根植于乡村振兴/赵宇 …… 124
地域性、民族性：云南建筑室内空间陈设艺术实践/杨晗 …… 131
博物馆资源设计研究/王双全 …… 137
设计教学目标与实践课题完成差异性的思考/焦健 …… 146

2018创基金（四校四导师）4×4实验教学课题
"人居环境与乡村建筑设计研究"主题设计教案

课题性质：公益自发、中外高校联合、中国建筑装饰协会牵头
实践平台：中国建筑装饰协会、高等院校设计联盟
课题经费：深圳市创想公益基金会、鲁班学院、企业捐赠
教学管理：4×4（四校四导师）课题组
教学监管：创想公益基金会、中国建筑装饰协会
导师资格：相关学科副教授以上职称、讲师不能作为责任导师
学生条件：硕士研究生二年级学生、部分硕士研究生一年级学生
指导方式：打通指导、学生不分学校界限、共享师资
选题方式：统一课题、按教学大纲要求，在责任导师指导下分段进行
调研方式：集体调研，导师指导与集体指导，邀请项目规划负责人讲解和互动
教案编制：王铁教授
课题组长：王铁教授（中国）、巴林教授（匈牙利）
课题副组长：张月教授、彭军教授、高比教授（匈牙利）、江波教授
实践导师：陈飞杰
课题顾问：米姝玮
创想公益基金会秘书长：刘晓丹
创想公益基金会副秘书长：冯苏
教学计划制定：王铁教授
行业协会督导：刘原
媒体顾问：赵虎
助理协调：刘晓东
教学秘书：贺德坤
国内学生活动：
1. 河北省兴隆县南天门乡
2. 辽宁省科技大学鞍山市
3. 河北省兴隆县南天门乡
东欧洲学术交流活动（在匈牙利佩奇大学工程与信息技术学院共同举办中国设计学术活动周）内容如下：
1. 第十届2018创基金4×4验教学课题终期答辩
2. 获奖师生颁奖典礼
3. 2018创基金4×4实验教学课题成果学生作品展剪彩
4. 中国高等院校教师20人作品展剪彩（计划在布达佩斯巴林特校长工作的学校举办）
5. 王怀宇教授山西传统建筑更新实践作品展剪彩
6. "一带一路"最美城市佩奇市风景画作品捐赠展剪彩（66名师生每人在佩奇市画一幅作品捐赠佩奇市）
7. 王铁教授、江波教授、彭军教授水彩画作品展剪彩（计划在布达佩斯巴林特校长工作的学校举办）
8. 中国建筑装饰协会10家设计企业作品联展
9. 鑫迪家居上海尚品本色家居科技有限公司
特邀导师（共计15人）：
刘原（中国建筑装饰协会秘书长）、李飒（清华大学美术学院副教授）、唐晔（吉林艺术学院副教授）、
曹莉梅（黑龙江建筑职业技术学院副教授）、杨晗（昆明知名设计师）、高颖（天津美术学院教授）、
裴文杰（青岛德才建筑装饰设计研究院院长）、石赟（金螳螂建筑装饰设计院院长）、陈华新（山东建筑大学

艺术学院教授）、段邦毅（山东师范大学美术学院教授）、韩军（内蒙古理工大学艺术学院副教授）、朱力（中南大学教授）、赵宇（四川美术学院教授）、谭大珂（青岛理工大学艺术与设计学院教授）、齐伟民（吉林建筑大学教授）

| 课题院校

导师学生 | 人居环境与乡村建筑设计研究教学大纲
课题计划日期2018年03月开始，2018年09月结束。
课题说明
1．申请参加终期境外答辩．展览的人员，订机票需要拿到邀请函后方可到匈牙利大使馆申请，境外居住预定机飞机票需要各学校导师组织确定。
2．课题计划内师生采取以往要求，在课题结束后按要求提交成果，在课题组通知的时间内报销，过时间视为放弃。
3．佩奇大学教学活动内容：（1）终期答辩，（2）颁奖典礼，（3）成果展览，（4）参加佩奇大学组织的相关活动，（5）王怀宇教授山西传统建筑更新实践探索展，（6）王铁教授乡村建筑设计及艺术作品展。
4．关于课题调研和中期答辩详见以下规定。参加课题的人员必须保证三次国内出席。
5．特邀导师可根据自己的实际情况自愿选择不少于一场出席答辩，否则无法了解课题的信息。
6．全体课题师生最好在4月中旬确认自己的护照，没有护照的学生请到相关机构及时办理。
7．请查看当地是否有匈牙利签证处，收到邀请函后尽快办理签证。签证时间：2018年07月20日送签证，预计07月31日收取。
课题规划流程（国内为三次答辩，国外为一次集中活动）
1．第一段课题调研时间2018年03月29~31日
地点：河北省承德市兴隆县南天门满族乡郭家庄小镇
承担：中央美术学院王铁教授团队（详见流程）
2．第二段课题答辩时间2018年04月28~30日
地点：辽宁省鞍山市
承担：辽宁科技大学建筑与艺术设计学院（详见流程）
3．第三段课题答辩时间2018年05月28~30日
地点：河北省承德市兴隆县南天门满族乡郭家庄小镇
承担：中央美术学院王铁教授团队（详见流程）
终期课题答辩时间2018年09月02日
地点：匈牙利佩奇市
承担：课题组
中国出发时间：2018年08月28日出发
返回时间：2018年09月05日出发，09月06日到北京（详见流程）
课题组架构
组长：
1．王铁教授（男）中央美术学院博士生导师、建筑设计研究院长、匈牙利佩奇大学建筑与信息学院博士生导师
副组长：
2．张月教授张（男）清华大学美术学院环境艺术设计系硕士生导师（学科带头人）、匈牙利佩奇大学建与信息学院客座教授
3．彭军教授（男）天津美术学院环境艺术与建筑设计学院院长 硕士生导师、匈牙利佩奇大学工程与信息技术学院客座教授 | 责任导师 | 院校责任导师：
王铁、张月、
彭军、巴林、
高比、金鑫、
段邦毅、陈华新、
谭大珂、潘召南、
郑革委、齐伟民、
陈建国、韩军、
左云、贺德坤、
刘岩、江波、
唐晔、吕勤智、
王双全、张国峰、
梁冰、曹莉梅、
杨晗、石赟、
赵宇、李飒、
裴文杰、高颖、
江波 |

		续表
委员（排名不分先后）： 4．潘召南教授（男）四川美术学院科研处长（学校二级单位）、硕士生导师 5．郑革委教授（男）湖北工业大学艺术设计学院硕士生导师（学科带头人） 6．陈建国教授（男）广西艺术学院建筑艺术学院 园林景观系主任、硕士生导师 7．张国峰教授（男）辽宁科技大学建筑与艺术设计学院院长、硕士生导师 8．侯晓蕾副教授（女）中央美术学院建筑学院硕士生导师（学科带头人） 9．王双全教授（男）湖北理工大学艺术设计学院院长硕士生导师 10．吕勤智教授（男）浙江工业大学艺术设计学院硕士生导师（学科带头人） 11．刘云副教授（男）山东师范大学美术学院硕士生导师（学科带头人） 12．左云教授（女）内蒙古科技大学建筑学院硕士生导师（学科带头人） 13．刘岩教授（女）吉林艺术学院环境艺术设计副主任、硕士生导师 14．陈淑飞副教授（男）山东建筑大学艺术学院副院长、硕士生导师（学科带头人） 15．金鑫副教授（女）匈牙利佩奇大学建筑与信息学院助教 16．贺德坤副教授（男）青岛理工大学艺术与设计学院硕士生导师（学科带头人） 17．钱晓宏（男）苏州大学金螳螂建筑学院（学科带头人） 18．公伟副教授（男）北京林业大学艺术设计学院环境设计系 19．王小保教授（男）湖南师范大学美术学院硕士生导师（学科带头人） 20．梁冰副教授（女）曲阜师范大学美术学院艺术设计系 硕士生导师（学科带头人） 21．焦健副教授（男）齐齐哈尔大学美术与艺术设计学院硕士生导师（实践中心主任） 计划外参加课题人员： 王云童先生（男） 刘岳 助教（男） 张茜（女）青岛理工大学艺术与设计学院讲师 李洁玫（女）青岛理工大学艺术与设计学院讲师 课题院校学生配比名单（请各校导师认真核实填写学生信息） 1．中央美术学院建筑学院侯晓蕾副教授硕士生1名 刘晓宇（女），学号12160500015（研二） 2．清华大学美术学院张月教授硕士生1名 王琨（女），学号2016213390（研二） 3．天津美术学院高影教授硕士生1名 张赛楠（女），学号1512013203（研二） 4．四川美术学院潘召南和赵宇教授硕士生2名 郭倩（女），学号2016110047（研二） 马悦（女），学号2017120154（研一） 5．湖北工业大学艺术设计学院郑革委教授硕士生1名 何蒙蒙（女），学号120160470（研二） 6．广西艺术学院建筑艺术学院陈建国和江波教授硕士生2名 庄严（男），学号20161413375（研二） 李洋（女），学号20171113381（研一） 7．辽宁科技大学建筑与艺术设计学院张国峰教授硕士生1名 陈禹希（女），学号172130500463（研一）	实践导师	

续表

	8．武汉理工大学艺术设计学院王双全教授硕士生1名 叶绿洲（女），学号10497731513407（研二） 9．山东师范大学美术学院刘云副教授硕士生1名 郑新新（女），学号2017021035（研一） 10．内蒙古科技大学建筑学院左云教授硕士生1名 张赫然（男），学号2017022104（研一） 周京蓉（女），学号2017022113(自费旁听)（研一） 11．吉林艺术学院环境艺术设计刘岩教授副硕士生1名 辛梅青（女），学号170306108（研一） 阚忠娜（女），学号171207298（研一） 12．山东建筑大学艺术学院陈淑飞副教授硕士生1名 刘博韬（男），学号2016065103（研二） 13．匈牙利佩奇大学建筑与信息学院高比教授硕士生3名 DurgoAthena（女） MezeiFiora（女） Gabriella Bocz（女） Kata Varju（女） SandorMeszaros（男） 14．青岛理工大学艺术与设计学院贺德坤副教授硕士生1名 宋怡（女），学号1721130500569（研一） 15．苏州大学金螳螂建筑学院钱晓宏学科带头人硕士生1名 王爽（女），学号20164241006（研二） 16．北京林业大学艺术设计学院公伟副教授硕士生1名 张哲浩（男），学号3160821（研二） 17．曲阜师范大学美术学院艺术设计系梁冰副教授硕士生1名 刘菁（女），学号2017320292（研一） 18．齐齐哈尔大学美术与艺术设计学院焦健副教授硕士生1名 张悦（女），学号2016916221（研二） 注：由于4×4实验教学的历史原因，参加的院校导师有所变动，综合考虑实际情况以及本次活动的特点，特为四川美术学院、广西艺术学院各增加1名学生，总计26名学生，特此说明。 课题人员总数架构 导师总数41人 学生总数28人 总计：69人 特别提醒： 1．以上为本年度参加课题人员，请各位责任人确认学校信息和导师与学生姓名，截至2018年03月27日不再增加人员，未确认的学校视为放弃。 2．课题成果必须在2018年09月30日前提交，否则出版社无法按时完成出版计划，影响基金会12月年终总结，将造成捐助资金无法到位，问题是很严重的。			相关专业	
课程类别	高等学校硕士研究生教学实践课题	课题程序 （分四次）	调研开题：河北承德市 中一期答辩：辽宁省鞍山市 中二答辩：河北承德市 终期答辩：匈牙利佩奇市	结题 境外	1．颁奖典礼（国外） 2．按计划提交课题 3．推荐留学（博士）

续表

教学目标	1. 课题目标 课题设定：风景园林设计方向教师组、景观设计方向教师组，导师交叉分段共同指导，学生在导师的指导下独立完成课题。引导学生解决乡村的环境保护，研究宜居设计存在的问题，培养学生从理论文字出发，到建立方案设计的逻辑和梳理能力，提高学生的整合分析能力，把握理论应用在实践上的指导意义。 研究要建立在调研与分析的基础上，从数据统计到价值体系立体思考，构建设计场域的生态安全识别理念，挖掘可行性实施价值，研究风景园林与建筑空间设计反推相关原理，提供有价值理论及可实施设计方案。 2. 技能目标 掌握风景园林与建筑空间设计的相关原理与建筑场地设计、景观设计的综合原理和表现，学习景观建筑建造的基本原理、规范、标准、法律等常识，培养场地分析、数据统计、调查研究能力，掌握研究的学理思想意识。 3. 能力目标 注重培养学生思考的综合应用能力、团队的协调工作能力、独立的工作能力，同时还要培养学生在工作过程中的执行能力及其知识的获取能力。建立在立体思考理论框架下，鼓励学生拓展思维，学会对项目进行研究与实践，用数据、图文说话，重视用理论指导解决相关问题，培养学生具有研究能力和立体思考思维意识。
教学方法	1. 设计实践 指导教师把控课题的研究过程，指导学生细化研究课题计划，展开实验与研究，要针对学生的研究方向提供参考书目，引导和鼓励学生基于项目基础开展研究模式，重视培养学生梳理前期调研资料、分析场地数据的能力。 2. 教学方法 研究课题围绕共同的主题项目进行展开。过程包括：解读任务书、调研咨询、计划、实施、检查与评价等环节，强调项目开展的前期调研及数据分析，详细计划是开题过程中的重中之重，是研究方法与设计实施的可行性基础，是问题的解决方式的验证与改进条件，是评价研究课题成果的重要标准，同时也是评价课题的可持续发展性、可实施性、生态发展性的原则，有助于提出价值问题和未来深化研究方向。 每位学生在开课题前要完成综合梳理，向责任导师汇报调研计划，通过后才能参加下一阶段课题汇报。
教学内容	课题教学要求（四阶段） 第一阶段：实地调研。出发前学生在导师的指导下阅读课题的相关资料，分段解读，制作图表，进行数据采集和文字框架定位。按课题要求导师带领学生到指定地点集合，进行集体实地堪测。确认用地范围，了解当地的气候环境、人文历史，围绕课题任务书进行探讨，指导学生课题研究，从理论支撑及其解决问题的方法入手，指导学生分析构建研究框架，本着服务学生的理念，培养学术研究能力和对问题的解决能力。 第二阶段：指导学生进行项目前期的各项准备，培养学生数据统计能力，认识收集地理数据的重要性，提高整理能力，确保表格与图片的准确性，整理场地的客观环境和准确分析的数据链接，从可持续发展的方向考虑问题，建立生态安全空间识别系统，有条理地对项目范围内的水文、绿地、土壤、植被、地震、生态敏感度等客观环境进行分析，文图并茂地提出成果。 开题答辩用ppt制作，内容包括对文献、数据资料的整理，结合实际调研资料编写《开题报告》，字数不得少于5000字（含图表），为进一步深入研究打下可靠基础，开题答辩在获得责任导师的认可后，参加开题答辩。 第三阶段：依据前期答辩的基础，明确研究语境设计主题思想，做到论文框架和设计构思过程草图相对应，指导教师在这一阶段里，要指导学生完成可研究性论证和设计方案工作，要针对学生的项目完成能力给予多方面的指导，培养学生学术理论的应用设计能力，指导学生在景观建筑设计实施过程中，如何建立法律和法规的应用，培养学生论文写作能力和方案设计能力的基本方法。 中期答辩用ppt制作，内容包括对开题答辩主要内容的有序深化、数据资料与论文章节的进一步深化，结合相关资料丰富论文内容和设计内容，各章节内容及字数不得少于3000字（含图表），为中期研究建立与设计方案的对接，中期答辩在获得责任导师的认可后，参加开题答辩。 第四阶段：培养学生的理论与设计相结合的分析能力，强调建构意识，强调分析与功能布局，强调深入方案的能力。提高文字写作能力，完成设计方案流程、区域划分，强调功能与特色，分析各功能空间之间的关系、形态及设计艺术审美品位，严格把控论文逻辑、方案设计表达、制图标准与立体空间表现对实施的指导意义，掌握论文写作与设计方案表达的多重关系，有效优质地达到课题质量要求。 终期答辩用ppt制作（20分钟演示文件），2万字论文，完整的设计概论方案。 在获得责任导师的认可后，参加课题终期答辩。

续表

项目成果	1. 完整论文电子版不少于2万字。每位参与课题的学生在最终提交论文成果时要达到：论文框架逻辑清晰，主题观点鲜明，论文研究与设计方案一致，数据与图表完整。 2. 设计方案完整电子版。设计内容完整，提出问题和可行性解决方案，设计要能够反映思路及其过程，论证分析演变规律，综合反映对技术与艺术能力的应用，设计深度为概论表达阶段，要求掌握具有立体思维的研究能力。
参考书目	1.（日）进士五十八，（日）铃木诚，（日）一场博幸．乡土景观设计手法［M］．李树华，杨秀娟，董建军，译．北京：中国林业出版社，2008． 2. 彭一刚．传统村镇聚落景观分析［M］．北京：中国建筑工业出版社，1992． 3. 陈威．景观新农村［M］．北京：中国电力出版社，2007． 4. 王铁等．踏实积累——中国高等院校学科带头人设计教育学术论文ISBN978-112-20068-9（29521）［M］．中国建筑工业出版社，2016． 5. 芦原义信著．外部空间设计［M］．尹培桐译．北京：中国建筑工业出版社，1985． 6. 孙筱祥．园林设计和园林艺术［M］．北京：中国建筑工业出版社，2011． 7.（美国）克莱尔·库珀·马库斯（美国）卡罗琳·弗朗西斯．人性场所：城市开放空间设计导则［M］．俞孔坚译．北京：中国建筑工业出版社，2001． 8. 周维权．中国古典园林史［M］．北京：清华大学出版社，2010．
备注	1. 课题导师选择高等学校相关学科带头人，具备副教授以上职称（课题组特聘除外），具有指导硕士研究生三年以上的教学经历。学生标注学号，限定研二第二学期学生。 2. 研究课题统一题目"人居环境与乡建研究"。3月调研，4月下旬开题，5月中期答辩，9月5日完成研究课题。 3. 境外国立高等院校建筑学专业硕士按本教学大纲要求执行，在课题规定时间内同步进行，集体在指定地点报道。 4. 课题奖项：一等奖3名，二等奖3名，三等奖6名。 获奖同学在2018年12月中旬报名参加推免考试，通过后按相关要求办理2019年秋季入学博士课程，进入匈牙利佩奇大学波拉克米海伊工程信息科学学院攻读博士学位。 5. 参加课题的院校责任导师要认真阅读本课题的要求，承诺遵守课题管理，确认遵守教学大纲后将被视为不能缺席的成员参加教学。按规定完成研究课题四个阶段的教学要求，严格指导监督自己学校学生的汇报质量。 6. 课题组强调责任导师必须严格管理，确认本学校学生名单不能中途换人，课题前期发生的直接课题费用先由导师垫付，课题结束达到标准方能报销，违反协议的院校，一切费用需由责任导师负担。 注：2017年年底在深圳创想公益基金会年会已通过，不足部分正在捐助中。相关课题报表正在填写中。为此除特邀导师以外，四次课题费用先由责任导师垫付（发票抬头统一为：维尔创（北京）建筑设计研究有限公司）。 望责任导师严格按教学大纲（即协议）执行规定报销范围，交通费用即高铁二等座价位为上限不得突破，公交车、住宿费用每人限定240元（天），佩奇大学期间的交通费及住宿按统一标准执行。其他计划之外的事宜不在报销范围内，请自行决定。 2018年10月07日为结题时间，请将票据按人名统计清晰，确认是否提交完整的课题最终排版论文电子文件一份，答辩用ppt电子文件一份，设计作品标明"课题名"、学校、姓名、指导教师，确认后发送到北京wtgzs@sina.com，过期视为放弃。 重点强调： 1. 导师在课题期间必须注意课题组信息平台的信息。 2. 相关院校如有其他研究生参加均为自费，不再说明。 3. 接到教学大纲的导师一周内确认人选。 4. 参加佩奇大学活动人员请发护照首页图片到课题组邮箱sixiaosidaoshi@163.com办理邀请函。 **课题秘书：贺德坤** 最终报销日期定在2018年12月20日截止。 如有信息不准确的部分请修改。各位责任导师收到请确认！

说明：本教案为最终版，责任导师确认学生姓名、学号，并返回课题组秘书处。

2018创基金·四校四导师·实验教学课题
2018 Chuang Foundation · 4&4 Workshop · Experiment Project

责任导师组

中央美术学院
王铁 教授

清华大学美术学院
张月 教授

天津美术学院
彭军 教授

四川美术学院
潘召南 教授

山东师范大学
段邦毅 教授

山东建筑大学
陈华新 教授

四川美术学院
赵宇 教授

佩奇大学
巴林特 教授

佩奇大学
高比 教授

青岛理工大学
谭大珂 教授

北京林业大学
公伟副 教授

内蒙古科技大学
韩军 副教授

吉林艺术学院
刘岩 教授

广西艺术学院
陈建国 副教授

湖北工业大学
郑革委 教授

青岛理工大学
贺德坤 副教授

苏州大学
钱晓宏

曲阜师范大学
梁冰 副教授

黑龙江建筑职业技术学院
曹莉梅 副教授

齐齐哈尔大学
焦健 副教授

2018创基金·四校四导师·实验教学课题
2018 Chuang Foundation · 4&4 Workshop · Experiment Project

课题督导

刘原

实践导师组

吴晞

林学明

裴文杰

特邀导师组

石赟

设计实践教学奇迹
The Miracle of Design Practice Teaching

中央美术学院/王铁 教授
Central Academy of Fine Arts
Prof. Wang Tie

摘要：一个偶发性的实践教学课题项目，为何能持续10年之久？为什么能够成为中国建筑装饰卓越人才计划？何以打动创基金并让创基金五年持续资助？2018年10月傍晚，天色特别地美，伴随夜幕前的意境回忆"四校四导师"实践教学课题项目十年轨迹，从一个点开始那一幕幕画面就在眼前，课题组教授们努力工作，务实而有责任感，瞬间在眼前显现出一条高质量线贯穿着"教授治学、打破壁垒、公益实践教学"。十年"奇迹"般成长，受到国内国外各方面以及欧盟教育机构的关注。课题和时间如同探索设计教育的磨刀石，磨出一把利剑，划出一条痕迹，探索与"一带一路"沿线国家合作课题"城乡文化设计教育"研究。2008~2018年"四校四导师"实践教学课题整整走过十年。这是由中央美术学院王铁教授创意，与清华大学美术学院张月教授共同发起，邀请天津美术学院彭军教授共同创立的"3+1"名校实验教学模式，2015年实践教学课题正式列入创基金资助型公益项目，与匈牙利（国立）佩奇大学信息工程学院合作五年，至今，创基金已持续资助四年。2019年，创基金还将继续资助！魅力在于"感动与激励"，受益人群之大是内核，让所有了解课题发展的人们感慨、感动。

关键词：十年成长；受益人群；时代痕迹；一带一路；教授治学；打破壁垒；公益实践；共同创立

Abstract: Why can an occasional practical teaching project last for 10 years? Why can it be awarded the Excellent Talents Program Award for Architectural Decoration in China? How to move the founding fund and let it continue to support for five years? In the evening of October 2018, with the special beauty of the sky, the artistic conception before the night recalls the ten-year track of the practical teaching project of "four schools and four tutors". From one point on, the scene is in front of us. The professors of the research group are working hard and practically with responsibility. Instantly, a high-quality line runs through "professor's academic management, breaking barriers, public welfare practice teaching". Ten years of "miraculous" growth has attracted the attention of domestic and foreign parties as well as European Union educational institutions. The topic and time are like the grindstone for exploring design education, grinding a sword to mark a trace, and exploring the study of "urban and rural cultural design education" in cooperation with the countries along the belt. From 2008 to 2018, the practical teaching subject of "Four Schools and Four Teachers" has gone through ten years. This is a "3+1" experimental teaching model co-founded by Professor Wang Tie of the Central Academy of Fine Arts and Professor Zhang Yue of the Academy of Fine Arts of Tsinghua University. In 2015, the practical teaching project was officially listed as a public welfare project funded by the Founding Fund. It has been established for five years with the School of Information Engineering of Pec University of Hungary. Four years of funding. In 2019, the Foundation will continue to subsidize! The charm lies in the word "touching and inspiring". The large beneficiaries are the core, so that all people who understand the development of the subject are moved and moved.

Key words: Ten years of growth; Beneficiaries; Traces of the times; All along the way; Professors learning; Breaking barriers; Public welfare practices; Co-founded

一、"一带一路"名校答辩成功，4×4实践教学又上新台阶

　　十年历练2018年4×4实践教学课题以高质量学术价值收尾，这是十年磨一剑的内涵，造就具有影响中外教师合作团队的成绩。回顾实践教学从2008年走到今天，是渐进的更新过程，开创了国内外教学研究新模，提出以教授治学理念，融合中外高等名校、名企、名人，由中国建筑装饰协会设计委员会牵头，经过十年的踏实积累课题逐渐成熟。特别是2015年在上海学术活动上巧遇深圳市创想公益基金会理事长，当他理解4×4实践教学课题高品位、高质量的成果后当即决定捐助课题。与深圳市创想公益基金会合作四年来，课题质量让基金会全体理事满意，为此4×4实践教学公益项目每一次申请都得到全体理事全票通过，目前课题已经成为样板受到相关领域的关注和好评，来自多方的高度评价就是对课题组集体的信任，更是创想公益基金会到目前为止持续资助实践教学的理由。

　　为此2015年具有650多年建校历史的匈牙利（国立）佩奇大学授予王铁教授荣誉博士学位，成为该校历史上第一位被授予荣誉学位的华裔，站在佩奇大学的学位大厅，在仪式上王铁教授感言"愿为中匈两国在设计教育研究交流做出自己的贡献"。如今五年过去，成果显现出诺言和信誉，实现了中国和匈牙利高等院校高质量合作的承诺。

　　与"一带一路"国家名校合作成果是课题的高质量内力，唤起业界影响是外力，打破院校间壁垒是创新，强调参加课题院校的教授、学生更加融洽地无障碍交流是聚气。课题探索学生跨地区，跨院校共享19所课题院校教授责任导师、学科带头人的精心指导，是打破壁垒的成果，是课题的一个创举。

　　中国高等教育设计专业考试特色是先是省考，然后是各校自主的校考，最终是国考，在全国统一时间完成中国式高考全过程。在中国高等院校课题竞赛一直都是以传统方式进行，课题是共同的主题，但是过程中课题缺少相互之间的互动，即使有也是建立在学校教师之间沟通。课题从开始到结束都是各做各的，只要终期学生将作品按时间交组委会即可，组委会找一个学校作为平台展一下，评一下，颁一下奖就是全过程。问题是参加学生与评审导师无法见面，导师评奖了解设计作品只限于一份展板，对设计作品的中间过程完全不知，失去了实践价值，中国建筑装饰卓越人才计划奖，4×4实践教学之所以有高质量和被认可，关键是学生在每一个阶段都能与全体导师面对面互动。

　　4×4实践教学强调的是开题为起点，课题组责任导师对学生每一步过程都是面对面地精心指导，今年课题组深化教学结构框架直到细节，对每一位参加课题学生进行不间断地指导，学生共享接受19所中外高等院校学科带头人教授的指导，强调课题组都是共同指导，是要锻炼学生学会思考与梳理，立体思考、高质量完成论文和设计作品。为此这种指导教学方法对于导师是个不得了的工作量，但是对于参加课题学生却是受益最大、实惠最多的，这就是我常说的"学生读大学期间，如果能够遇到有能力的好老师，才是学业路途上最幸福的"。

　　中国高考是学生择校，家长主导报名，能否进入名牌大学不仅仅是分数决定录取，有技巧地报名也是成功的秘诀。人人皆知一般是学校的教学资源决定影响力，有好的师资才能招到好学苗，现实情况是各院校差异较大，录取门槛各自不同，很多学校都存在学生能否遇到一位好老师的问题。教师之间也有区别，如导师能力强，手上课题自然就多，门下的学生就能够有机会受益，打破壁垒就是大学生在成长过程中最大的幸事。4×4课题组集中名校学教授科带头人、系主任、院长组成一个强大的多校优秀导师团队。课题强调优势互补"教与学"探索带动年轻教师成长，十年的坚持可以说是中国高等院校设计教育实践教学诞生以来，公益课题组的奇迹创新。

　　从中国建筑工业出版社出版的作品集和论文集中可见成果，在参加课题院校学生的及时反馈意见上能够感受到全体导师的公益之心，书中反映出课题的专业和高质量，离不开教师指导学生完成课题的全过程记录，还有导师们相互探讨的交流教学细节，可以说是指导学生的教学日记。从2008年开始到2018年先后已经出版教学成果18本，课题组创造了实验教学奇迹，每一位看到教学成果的人都认为这是一个奇迹。创造的共享平台是国内外没有过的先例，是以教授治学为理念的集体教学精华和亮点，十年取得了如此成绩是全体课题组导师的智慧结晶，为打破"一带一路"沿线国家高等学校间的壁垒迈出一小步。

二、与佩奇大学深度合作，探索与"一带一路"国家教学合作

　　2015年匈牙利（国立）佩奇大学加入实践教学课题，正值创想公益基金捐助支持课题的第一年，也是课题进行国际化探索的起点。恰逢当时国家提出"一带一路"国策，匈牙利佩奇大学恰好是"一带一路"上的国际名校，有着650多年的历史，课题组需要境外高等院校加盟，这是实验教学对外开局和亮点。匈牙利佩奇大学的学生和中国学生共同参与课题，佩奇大学的教授与中国教授共同指导中国的学生，中国教授指导匈牙利学生，实现了课题走出国门与欧洲名校共享平台价值，这是四校四导师最重要的一次阶段性跨越。到目前为止，通过四年的合作教

学，先后送走优秀中国学生留学到佩奇大学攻读硕士、博士合计27名。十年实践教学课题建立以及与佩奇大学五年合作离不开中国建筑装饰协会与高等院校的深度合作，凸显参加课题的优秀学生有两大出口方向；一是出国到欧洲名校留学，二是在国内相关名企就职工作，重要的是二者合一；三是学术论文和设计作品能够在权威出版社出版，三项特色奠定了实践教学课题的创新点，即教授治学理念趋向成熟，极具前瞻性。

2018年9月金秋时节课题结束，11名参加课题的中国师生通过佩奇大学博士考试被录取踏上欧洲留学，在新生入学仪式上我代表合作课题院校发表祝辞，那一刻心中感动、激动，理由是我们的4×4公益课题又一次成功画上第十届的句号。导师组的成绩让很多家长和学生受益并感谢，创基金捐助管理者也满意。感谢中国建筑装饰协会设计委员会，同时感谢得到参加课题院校领导和教学管理部门的认可，感谢欧盟教育机构关注。这是设计教育的创新之作，十年来拥有高品质的教师团队，忘我工作是取得成绩的法宝，是优秀学生全身心投入课题研究的成果，师生努力感动了关心课题的企业和人们，4×4实践教学课题架起通往"一带一路"实践教学的"高铁网"，让留学欧洲攻读博士成为教育快速专列车"4×4号"，十年的坚持成功打造出高速、高质中外合作教育模式。

经过几次探索，课题不断调整，2015年将之前的本科毕业生改为硕士研究生二年级，导师同时跟随调整。硕士二年级阶段的研究生已完成学校第一阶段的公共课程学习，接下来将转入导师工作室继续学习，在导师指导下完成第二段学习。参加实践教学课题的同学有机会得到4×4课题导师团队的指导，对于完成毕业设计奠定坚实基础，课题要求的设计作品和论文成果，在最权威的中国建工出版社出版发行，为参加课题学生校内最终毕业答辩奠定坚实基础。因为十年来课题在中国十几所院当中受到认可，所以这几年参与课题的硕士研究生是特别受益群体，经费全额免除让参加课题的学生更加放心，将全部精力投入到课题中是课题组每一个导师的工作态度。

师资是教育的主体，这是不争的办学原则。清华大学美术学院、中央美术学院之所以成为名校，主要是拥有一流的教授和办学历史，是因为实力。为此课题强调带动年轻教师成长更是教授们必须要做到的原则，十年成果集中体现的是参加院校逐渐在指导研究生教学上的不断成长，尤其是年轻教师队伍的成长，这又是一个亮点。课题能够带动地方院校的教学探索共同成长，在教学上又添加一个公益元素，贡献。每一段课题都是利用星期五报到，星期六、星期日指导学生课题各阶段答辩，做到既不影响课题管理又不影响参加课题学校的教学大纲计划，同时又能完成与社会实践的对接。所以课题能够坚持走到今天备受关注，关键就在于课题组做到了别人找不到的公益教学延展内涵，吸引力就是公益教学让更多师生有机会去欧洲读书，这就是课题按计划达到了立项的初衷和成果。

三、数字体现十年课题成果

4×4实践课题走过了10个春夏秋冬，累积参加课题的教授是260人次、副教授70人次、讲师19人次，累计培养学生总数518人，推免到佩奇大学留学攻读硕士学位研究生15人次，攻读博士研究生12人次，实践导师团队投入行业高管和设计研究院院长21人次。受益的学校共33所，分别为中央美术学院、清华大学美术学院、北京林业大学、山东建筑大学、吉林艺术学院、湖北工业大学、武汉理工大学、四川美术学院、天津美术学院、苏州大学、曲阜师范大学、广西艺术学院、内蒙古科技大学、青岛理工大学、山东师范大学、齐齐哈尔大学、哈尔滨工业大学建筑工程学院、湖南师范大学、吉林建筑大学、沈阳建筑大学、匈牙利（国立）佩奇大学、布达佩斯城市大学、美国丹佛大都会州立大学、同济大学、西安美术学院、同济大学、北京建筑大学、东北师范大学、北方工业大学、浙江工业大学、江西师范大学、中南大学等。参与的企业有中国建筑装饰协会委员会、中国建筑设计研究院、北京清尚环艺建筑设计研究院、J&A杰恩创意设计公司、苏州金螳螂建筑装饰设计研究院、青岛德才建筑设计研究院等。四校四导师从最初的4个院校，发展到2018年的19个院校参与，每年参加课题院校不断调整，做到不尽相同，强调质量。课题组在选择院校方面不会因为一个学校参与多年就一直放在课题组，优选课题院校更是实践教学的原则。从教学轨迹可以看出实验教学十年成长是分段调整稳步成长起来的，教学是渐进式的带动。王铁教授是专业美术学院、张月教授是综合性大学美术学院的学科带头人，课题促进相互理解、协调共荣，在教学协作研究上尝试，十年成果为院校修改教学大纲贡献可鉴案例，促进建立新教学理念，带动相关课题学校在教学研究上向4×4课题看齐。成果是有目共睹的，有信心告诉课题组导师，相信下一个十年实践教学课题更精彩，更具魅力，让更多课题师生受益。

伴随发展，选择参加课题院校模式在不断调整，2018是按区域划分组合方式，分三大类板块：一是综合性大学，二是专业美术学院，三是艺术学院，从多角度保证、从结构框架合理确保高质量。同时优化减轻课题管理压力是课题组的特色，目的是达到公益课题质量，做到既保障课题运行，又能实现灵活管理的理性释放。

课题自创立以来，每年都会申请中国建筑装饰协会红头文件作为官方管理实验教学走向，十年的中国建筑装饰卓越人才计划实践证明，六次协会官方文件是课题有序发展的桥梁。创基金的融入给了课题最大的保障，课题组能够恰当地选择优秀导师和学科带头人是课题的幸事，全过程贯穿教授治学理念是课题核心价值。共同价值观是决定课题院校师生能坐到一起探索实践教学的基本原则，信任理解是共同奋斗合作的基础。课题强调导师在整个指导过程中的严谨性，教师的综合素质是决定有无立体思维能力管理、探索课题的度量衡。强调教授的多维度空间教学理念，才能做到理解传统文化价值与面对未来的科技时代，衔接未来的科技审美时代是课题组导师必须要过的思想转换关。未来设计艺术是以传统为审美基础，坚持文化自信，逐渐过渡到科技审美时代，完成阶段性使命。伴随大数据链走向智慧城市管理探索是导师们的下一个目标，具有科技时代的审美价值观即将出现，服务于设计教育和人民的美好生活。

课题实践证实做任何模式的教学探索都必须强调具有时代痕迹才具有生命力，未来是智能时代，科技当头是不争的现实，空间设计教育要在这个时代留下一道自己的沟痕来，以此证明在这个时代是不可缺少的、有价值的痕迹。设想如果从事的设计教育工作是无痕迹的，在未来科技智慧时代的空间设计教育如何强调定位？什么决定专业存活能力，值得思考。

实践见证参加4×4实践教学课题的群体是中国改革开放的受益者。所以努力共勉是共同探索设计教育合作、共享课题价值的教学理念，连通对接中国高等院校设计教育各校教授资源的探索发展是课题价值所在。

从改革开放40年来看，全国高等院校设计大赛发展都是不变的方式，课题发起组织与课题参加院校学生只有颁奖典礼才能见一面。而4×4课题从开题之时导师组全体导师全程无缝陪护直到课题结束之日，始终伴随是课题的质量密码，每一位参加课题的学生都能共享全体导师指导的机会，全过程是实践教学少有的案例，分段指导完成课题、强调兼顾探索、保障质量下的立体教学是课题创新，这是历史上的设计实践教学无法做到的。

四、排除万难，坚持不懈

留学经历让我尝到了甜头，亲眼直观看世界能够增加视域。所以在公益实践教学中为参加课题的学生们创造机遇走出国门看世界，是4×4实验教学的核心目的。回忆过去的留学经历，我是改革开放走出国门留学的受益者，体会是人生一定要有一段出国去学习的经历，留学经历对于后来的工作是一笔财富，更是规划完美的人生学术简历不可缺少的组成部分。我提倡本科学习在国内，硕博学位获取要在国外，在不同的国家学习生活，了解对方的意识形态，了解他们怎么看待中国。同时为理性看自己的国家多了一个角度。经历是爱国基础，更是激起励志价值观的基础。爱国不是自己随意说爱国就能做得到的，只有从理性科学的角度去解读民族文化，才能够做到正确判断。

目前国内高等院校教学讲求的是专项培养拔尖人才，这是狙击手式的培养体系，是点对点的直线瞄准模式，而对于维度价值和立体思考是忽而无视的。发达国家讲求的是综合素质教育，掌握立体知识是前提，立体思考判断问题如同升空预警机式的概念，看到的空域更大，信息量同时加大数倍，为此学生掌握梳理能力是首位。比如留学于匈牙利的学生，假期一到便无障碍地去周围国家旅游考察调研，亲身多角度、理性地看西方传统文化和现代社会是怎么发展的，深度思考发展自身优秀文化的选择和进化成果，理解这些之后回头再看待自己国家的历史文化，自然会理性思考后得出一个客观判断标准。研究者非同于旅游者，学者需要能沉下心来思考，带着主题去调研，构建分辨能力对学理化人生是有益处的，能够促使自身的判断能力和视野的提升。

总结十年的公益课题成果，就是以为改革开放的受益者应该做的一点事。为此课题资金不够就自己补一点，记得2008年课题就是王铁教授、张月教授、彭军教授自己拿资金启动的。后来几届是深圳知名设计师的慷慨支持才让课题坚持下来，金螳螂装饰捐助的三年是成长关键时期，特别是相遇深圳创想公益基金会连续资助四年，奠定4×4实践教学课题高质量、稳固发展，为此在课题组导师心中始终是带着感谢工作的。伴随课题组一路走来，回头看最初发起课题时的初心，对位取得的成果，在国内目前的实验教学课题中可胜一筹，与匈牙利（国立）五年间的成功合作，15名本科学生留学攻读硕士学位、12名硕士留学攻读博士学位就是课题回报。

十年过去，课题组的初心没有变，发展至今还有那么多关心4×4实践教学课题的人，这就是对高等教育实践教学公益课题教师团队的肯定。我始终在心底感谢帮助过课题的个人和集体，特别真诚地感谢深圳市创想公益基金会。课题成果是一个奇迹，至今课题没有申请国家课题奖项是为什么？我总在想，如果我不拿奖课题就是集体的，申报了这国家奖项就得出现谁为主，谁为辅的问题，如果我个人上报课题，课题就成为我一个人的了，这个就不公正了，我始终认为这是课题组集体的教学成果，不管大家出力多少，都是属于课题组的成果。为此坚持十年没有以个人名义申报各种国家奖项，这是必须要坚持的底线。希望大家不要把这个课题凝固在某一个人身上，因为荣誉永远属于4×4课题集体，全体课题组成员都会为参加这样课题而感受到教师职业的使命与价值。

公益教学也存在管理问题，谁做课题主持谁就多操心，出现问题时我经常对课题组导师们发火，几次要交出课题不管了，但兄弟姐妹们都对我进行鼓励并很理解，坚持公益是理想，大家是我继续坚持课题组工作的加油站。十年来通过课题努力修炼自己的公益价值观，慢慢地往前行走，学会立体化思考和处理公益教学事务的技巧，让更多的参加课题院校师生受益是责任。

2019年是课题成立十一年。为下一个十年公益课题，思考应摆在面前，课题延续性最大的问题就是资金链的问题，必须建立课题管理新办法，探索以课题养课题的可行性，能否产出养活课题需要的资金链是全体课题导师应思考的问题，相信下一个十年更美好。

五、5G有序撬动科技审美

2019年是中国建筑装饰卓越人才计划第十一年，是4×4实践教学课题第十一年，是创想公益基金捐助课题第五年，同时是与"一带一路"名校合作课题五周年，是实践教学课题迈向下一个十年的开局之年。恰逢中国5G时代的元年，深刻理解把高等院校研究开放的大门再开大一点，以此契机课题组决定深化与"一带一路"沿线国家高等教育合作，探索4×4实践教学公益课题新高度，甩开膀子加油干是全体课题教师的正能态度。稳步精准抓质量是4×4实践教学课题新阶段目标，加强4×4实践教学平台再升级，为此课题将推出新的举措和更多的可行性办法。

中国5G科技即将广泛投入应用阶段，是对未来科技文明化自信的体现。文化自信将伴随科技中国的综合实力，向2035年国家目标前进，为4×4课题研究提供了动力源。以华夏五千年传统文化为基础，不断更新高质量的中华科技文化，构建人类命运共同体价值观，书写出国家自信、文化自信、高等教育自信、传承优秀文化审美价值观，为发展智慧城市奠定厚基础、宽视野。中国提出"人类命运共同体的定位"已成国际间合作的评价标准。在此背景下，2019年实践教学课题走向分为两个方向；其一是"历史建筑实考"，课题选择中国青岛城乡日照市，规划建设用地是商业服务用地，主题是历史建筑与智慧宜居生态景观研究。其二是青岛八大关建筑群，综合分析具有德国殖民时期的建筑历史特色研究，通过课题锁定青岛历史文化，集中考察、调研、测量、写生、撰写论文。计划在研究成果中挑出优秀的作品与青岛规划局合作举办"青岛历史建筑实考综合展"，对绘画作品进行公益拍卖，填补实践教学经费的不足。相信历史建筑实考课题将带动城市更多的人关注青岛历史价值，又能让高等院校相关专业教学找到有价值的主题，获得高质量的研究成果。

金秋时节回首2018年实践教学成绩单，2019年继续与匈牙利（国立）佩奇大学进行深度合作，同时欢迎新学校进入课题组，具有30多年校史的匈牙利布达佩斯城市大学加入合作课题是丰富实践教学的新力量，是实现一国两校探索实践教学计划。这两所学校的特点分别是国立大学和私立大学，是中国教育部留学名录中的国际高等名校。课题交流受益两国师生，开启中国学生通过参加课题留学匈牙利，匈牙利学生可以在中国找到喜欢的工作，双方受益是课题延续的生命源。符合当下中国高等院校教学追求的高质量出成果方针。过去十年里高质量使课题师生有底气，让捐助课题基金会更加支持、认可课题，让参加课题的学生、家长感激课题组导师，让参加课题学校的年轻老师感激桥梁的价值，感谢中国建筑装饰协会设计委员会。一点一滴努力，零存整取的坚持换来了今天的成果。

国家强调"一带一路"门再开大点，机遇有了，危机也来了。探索伴随竞争并存是今后实践教学的特点，深刻的思考能力和知识结构、准确的研究定位能力、高质量的创造性成果是课题延续的价值。未来课题成果不仅仅是中国高等院校导师的创造，相信在中外教师团队努力下课题将会成为"一带一路"沿线国家高等教育品牌，是改写"一带一路"高等教育设计专业实践教学的可行性探索，用5G时代的公益价值观理念打造设计实践教育服务平台，延续教授治学，坚持不忘初心，是4×4实践教学的新目标。

六、完善课题探索国际交流

高等教育实践课题研究在国际间合作是近几年的课题，东西方高等教育都在探索中。尤其在文化艺术设计教育实践方面，中国与发达国家在此存在一定的差距。在目前国内艺术设计教育存在"回头看"现象之际，其原因体现在整体师资不足问题、学苗质量问题，课题以虚拟课题居多，研究课题难以落到位置上，无序创新词汇频频出现，如"新中式"，"轻奢华"没有学理化价值的非专业语言泛滥，出现在各大高校教学中，甚至一些媒体跟风推崇，年轻学子集体焦虑追随。国家提出"文化自信、科技中国"，及时指出了前进方向，打破壁垒是探索设计实践课题研究的内核，是探索设计教育的开弓箭。回看走出国门学习先进知识，丰富自己知识结构，探索创新发展智慧城市文化艺术轨迹。以中国人学习西方油画为例，100年前不占优势的西方油画涌入中国，冲击中国传统绘画价值观，当时由于认识方法的不同在国际画坛上更无话语权。徐悲鸿先生留学法国学习西方绘画，学成归国成为中国美术教育家，为中国绘画增添新元素，成为新中国中央美术学院第一任院长，在近现代美术教育历史上留下重重的一笔。今天在国际艺术舞台上中国艺术家的油画作品在西方画坛上也是不容小觑的，如今中国融入西方绘画艺术的探索者之多证明迈出国门的价值。历史证明各国优秀传统文化是人类共同文化基因基础中不可缺少的组成部分，可以说这就是人类优秀历史，是文化完成第一段流金岁月的人文历史。未来科技智慧是以过去的优秀历史为基础，强调时代科技是迈出走向新智能理念审美价值的第一步，是通往人类共享文化新目标、新科技审美的桥梁。4×4实践教学课题恰逢生时，伴随科技智能不断创造，设计教育不断探索服务人类美好世界，为此完善课题探索国际交流是全体4×4实践教学课题导师的使命，好生活离不开共享高质量教育，离不开人类追求命运共同体的核心价值观。

经过十年探索、研究教学教授治学理念，用五年探索"一带一路"高等教育课题合作，从创始到发展证明课题组走出去是新时期成长中的高等院校探索未来的生命线，实践教学是不可缺少的基础板块。东西方设计艺术教育交流互动、互补差距、共享成果是实践教学课题的双赢原则。十年中的努力探索是为缩短东西方在高等教育实践教学差距。下一步理性认识相互间的教学差距，从分析两国教师结构基础出发，分析两国学苗质量，探索下一个十年的实践教学，为人类命运共同体不断努力，与"一带一路"国家高等院校共同探索科技中国的新审美设计教育。

兴隆县美丽乡村宜居环境整治实践
Practice on the Improvement of Livable Environment in the Beautiful Countryside of Xinglong County

河北省承德市兴隆县党委书记，4×4课题特聘导师/薛青松
Party Secretary of Xinglong County, Chengde City, Hebei Province
Xue Qingsong

摘要：兴隆县以河北省委、省政府《关于实施农村面貌改造提升行动意见》、《关于加快推进美丽乡村建设的意见》等文件为支撑，明确建设"国家生态文明建设示范区"和"国家全域旅游示范县"的目标定位，高位推动，统筹实施，通过发展规划与高等院校接轨、产业路径与乡村发展匹配、文化建设与兴隆历史融合、公共服务与城乡功能均等的措施，深入实施农村人居环境改造，高标准完成美丽乡村建设任务，全面助推"乡村振兴"战略，为建成"生态兴隆、富裕兴隆、幸福兴隆、文化兴隆"奠定了坚实基础。

关键词：宜居环境；美丽乡村；乡村振兴

Abstract: xinglong county, supported by documents such as action opinions on the implementation of rural appearance improvement and opinions on accelerating the construction of beautiful villages issued by hebei provincial party committee and provincial government, clearly defines the target positioning of the construction of "national ecological civilization construction demonstration zone" and "national region-wide tourism demonstration county", promotes it from a high position and implements it as a whole. Through the measures of integrating development planning with colleges and universities, matching industrial paths with rural development, integrating cultural construction with prosperous history, and equalizing public services with urban and rural functions, xinglong county deeply implements the transformation of rural living environment, completes the task of building beautiful villages with high standards, and comprehensively promotes the strategy of "rural revitalization". This has laid a solid foundation for the building of an ecological, affluent, happy and cultural prosperity.

Key words: Livable environment; Beautiful countryside; Rural revitalization

引言

所谓的宜居环境，顾名思义就是适合居住，狭义是地理气候论下的宜居，指气候宜人，生态景观和谐，自然环境优美，治安环境良好，适宜居住。广义是文化论下的综合内容的协调发展，指需求与公共品、自然资源可持续发展，人文环境及自然环境相协调，经济持续繁荣，社会和谐稳定，文化氛围浓郁，设施舒适齐备，适合人类工作、生活以及居住。齐康《宜居环境整体建筑学构建研究》书中指出，宜居环境就是生存环境，也可以认为是当今现实的生活环境，人们能影响环境，环境更影响人类的活动。宜居环境是"度"，是稳定的、可控的、节制的和集约的。2014年，为了全面贯彻落实党的十八大精神，河北省委、省政府制发《关于实施农村面貌改造提升行动意见》（冀发〔2013〕10号），对全省近5万个行政村进行配套改造、整体提升（简称农村面貌改造提升行动）。2016年，河北省委、省政府制发《关于加快推进美丽乡村建设的意见》，提出实施"四美五改·美丽乡村"行动，再一次把宜居环境改造提到村内建设的重要议题上，提倡宜居环境与发展现代农业、推进扶贫攻坚、搞好乡村旅游、山区综合开发结合起来。

一、兴隆县美丽乡村建设情况概述

"美丽乡村"是中国共产党在提出要建设社会主义新农村的重大历史任务时提出的。美丽乡村不只是外在美，

更要美在发展,进而更好地为民办实事,带领农民致富,推动"美丽乡村"建设向更高层级迈进,真正成为惠民利民之举。2016年以来,兴隆县以生态立县为方向,以全域旅游为路径,以美丽乡村建设为抓手,抢抓"燕山峡谷"片区被列为省级重点片区和承办承德市首届旅游产业发展大会的机遇,持续用力、连续打造,深入实施一线(旅发大会沿线)、三片(燕山峡谷、潘家口、兴隆山三个片区)、三区(兴隆山、青松岭、六里坪三大核心景区)、七小镇(上庄诗歌、天桥峪漂流体验、靳杖子桃源、郭家庄满族民俗、长河套观星、北坎子美农、周家庄渔乐七个小镇)、190村(88个省级重点村、102个县级重点村)美丽乡村建设工程。2016年,兴隆被评为美丽乡村建设市级优胜县,累计15个村获评省级和市级精品美丽乡村;2017年,新列入省级和市级精品美丽乡村17个。

1. 坚持高起点聘请"专家绘"

美丽乡村建设,首先需提高站位,统筹合理规划乡村建设的格局。兴隆县将"当代是精品,未来是经典"作为美丽乡村建设重要原则,按照创建"国家全域旅游示范县"目标定位,明确了"请大家之手,绘美丽兴隆"编制理念。2016年,县委、县政府聘请中央美院编制"燕山峡谷"片区总体规划,邀请中央美院博士生导师、中央美院建筑设计研究院院长、匈牙利佩奇大学客座教授、博士生导师王铁担任片区规划总设计,该规划得到社会各界的高度评价,并作为范本在河北省和承德市推广。2017年,县委、县政府委托中央美院、卓创设计院和承德市规划设计研究院,分别编制潘家口水库生态保护片区、兴隆山片区总体规划和46个省级重点村村庄规划,其中兴隆山片区总体规划获评承德市第一。

2. 突出高标准招商"企业投"

在美丽乡村建设中,要通过导入经济思维和法则,改变农村的生态资源、发展空间、民俗文化等优势为经济优势和效益,以创意、规划、营销、管理出效益,统筹基础设施建设、公共配套、特色打造和产业支撑,让美丽乡村建设成为投资项目,并取得长期而丰硕的经济回报。兴隆县按照"一村一市场主体"思路,将高端旅游服务业作为战略支撑产业,将国企央企、上市公司和战略投资者作为招商引资重点,先后引入中信集团、中冶集团、南山集团、荣盛发展等18家战略投资者在片区和重点村落户,共落地重大项目23个,总投资达680亿元,现已完成投资超200亿元,打造了文化创意、民俗风情、天文科普、休闲体验、影视基地、漂流探险等一批新旅游业态,建成了一条横跨县域半径的乡村旅游环线。2017年,来兴游客突破287.9万人次,同比增长67%。

3. 通过多渠道运作"财政补"

美丽乡村建设的内容有相当部分为公共品或准公共品,其公共部分必须由政府提供,让公共财政来覆盖。为此,兴隆县采取了三种财力支持方式:一是平台融资,组建国有投融资平台,全力争取农发行、农行、国开行贷款支持,累计融资规模突破19亿元。二是打捆使用,整合山水林田湖项目资金、农业产业引导基金、涉农专项资金16.8亿元,打捆用于美丽乡村建设。三是直接投入,累计安排财政资金1.1亿元,专项用于美丽乡村建设和奖补。

4. 动员全县性参与"群众筹"

建设美丽乡村首先明确农民才是乡村的主人,要尊重农民的意见,体现他们的意愿。因此,一定要动员广大农民广泛参与,要使广大农民认识到,自己才是美丽乡村的建设者、选择者和受益者,在制定项目规划和建设过程中,要让农民自己做主,自己选择,并实行资金财力配套建设的方式,让农民也自觉投入一定的人力、物力和财力。兴隆县通过分期分批组织干部群众参观学习,每季度开展一次联查观摩,引导群众主动投工投劳、出钱出力。2016年以来,全县群众累计投入资金5.6亿元,义务出工7.6万个,为美丽乡村建设提供了重要保障。

5. 采取EPC模式"打包建"

国家提出生态文明战略之后,政府开始主导美丽乡村建设,忽略了科技、市场和农民的参与功能,结果主导变成包办,政府既是管理主体,又是投入主体,还是实施主体,导致美丽乡村建设效率低下、缺乏后劲。政府要给市场提供空间,体现民间资本和市场价值,将实施主体让位于企业。因此,兴隆县将"工程怎么干、资金从哪来"作为美丽乡村建设的重中之重,充分运用市场化手段,采取EPC模式,以招投标方式优选有实力企业,全面代理设计、勘察、采购和建设工作。2016年,北京市政集团作为EPC主体单位负责实施;2017年,石家庄中通建工工程有限公司作为中标单位负责实施,确保了民居改造、基础设施、公共服务等各项工程建设经得起历史和群众的检验。

二、兴隆县美丽乡村建设与乡村振兴战略的有效衔接

乡村振兴战略是新时代"三农"工作的重心。促进乡村振兴,就是要进一步推进城乡在基础设施、公共服务

方面的融合，以及城乡在产业、要素和生态保护等方面融合发展，补短板，强弱项，鼓励更多资金、技术和人才向农村地区流动，最终通过城乡融合推动农业农村现代化。为此，兴隆县将生态建设、产业发展、公共服务均等化、乡村文化建设作为重要任务，确保美丽乡村建设可持续、能长久，加快实现"产业兴旺、生态宜居、乡风文明、治理有效、生活富裕"的目标。

1. 狠抓环境建设

生态文明建设是美丽乡村建设的重要基础。为此，兴隆县着眼解决农村环境"脏乱差"问题，确定了创建"国家生态文明建设示范区"的目标。一是垃圾处理，按照"户分类、村收集、乡转运、县处理"模式，规划建设大型垃圾填埋场7个，组建以有劳动能力的低保户、五保户、护林员为主体的卫生保洁队伍，配备保洁人员782名。二是污水治理，采取建设污水处理站、庭院式小型湿地、污水净化池等处理方式，计划用四年时间，完成全县所有行政村污水处理任务。目前，一期工程45个村正加快推进，建成污水处理站18个、化粪池31个，铺设管网4.1万延长米。三是绿化美化，先后完成公路沿线8.5万平方米裸岩治理、2660亩绿化美化和100公里滨河沿路景观打造工程，计划到2020年，全县农村垃圾和污水集中处理率达到85%以上。

2. 强化产业支撑

兴隆县全力推动美丽乡村与产业发展、脱贫攻坚、全域旅游、现代农业统筹结合。一方面，坚持重点项目辐射到片。以兴隆山、青松岭、六里坪三大核心景区为支撑，以七个特色小镇为补充，实施连片整体开发，带动片区群众多渠道增收致富，全县有7个乡镇、83个行政村、12.7万人口受益于竞相涌入的项目建设和相继建成的业态景区。另一方面，坚持产业路径匹配到村。按照"一村一品、多村一品"思路，着力打造9个现代农业村、22个脱贫攻坚示范村、37个乡村旅游村、11个山区综合开发村和9个特色民俗文化村，涌现了以诗歌文化为代表的诗上庄村、以满族风情为特色的郭家庄村等一批文化旅游名村。

3. 推进服务均等

在规划层面，全县88个省级重点村全部规划了超市、浴室、理发室、卫生室、文化广场、星级厕所等公共服务设施；建设层面，坚持精品村先行先试，投资4044万元，建设旅游服务综合体9个，全部涵盖上述服务设施，确保群众足不出村能就医、能购物、能洗澡、能理发、能健身，初步实现了城乡基本公共服务功能均等化。

4. 引导乡村文明

全县以开展重塑"重商、崇文、厚道、诚信"兴隆精神活动为载体，大力培树社会主义核心价值观，狠抓农民习惯养成。一方面，建立农户庭院卫生星级评比等制度，大力实施"四改"、"两治"六个专项行动，全县累计完成改房1690户、改水2142户、改厕3535户、改能3423户，农民落后的生产生活习惯得到改变。另一方面，强化村规民约管理，大力培树孝善、文明的村风家风，在全县289个行政村分别成立了孝心养老理事会，持续开展"最美兴隆人"、"最美家庭"、"孝心好儿媳"、"孝心好少年"等评选活动，带动全县村风民风向上向好。

参考文献

[1] 陈秋红，于法稳．美丽乡村建设研究与实践进展综述[J]．学习与实践，2014，(6)．
[2] 程杨松，白自玲．美丽乡村建设亟待实现"四大转变"[J]．老区建设，2017，(2)．
[3] 付翠莲．新时代以城乡融合促进乡村振兴：目标、难点与路径[J]．通化师范学院学报（人文社会科学），2018，39，(1)．
[4] 黄克亮，罗丽云．以生态文明理念推进美丽乡村建设[J]．探求，2013，(3)．
[5] 韩喜平，孙贺．美丽乡村建设的定位、误区及推进思路[J]．经济纵横，2016，(1)．
[6] 赖金生．推进美丽乡村建设的财政思考——来自江西新农村建设的实践[J]．三农问题．
[7] 刘彦随，周扬．中国美丽乡村建设的挑战与对策[J]．农业资源与环境学报，2015，32，(2)．
[8] 马聪，吴红．做好四篇文章 建设美丽乡村[J]．当代经济，2014，(21)．
[9] 王卫星．美丽乡村建设：现状与对策[J]．华中师范大学学报（人文社会科学版），2014，53，(1)．
[10] 郑向群，陈明．我国美丽乡村建设的理论框架与模式设计[J]．农业资源与环境学报，2015，32，(2)．

郭家庄景观研究与风景园林空间设计
Guojiazhuang Landscape Research and Landscape Architecture Space Design

中央美术学院 建筑学院/侯晓蕾 副教授
School of Architecture, Central Academy of Fine Arts
A. /Prof. Hou Xiaolei

摘要：光阴荏苒，今年是4×4实验教学课题成立十周年，随着教学团队经验的积累和不断的创新，课题的集体成果越来越丰硕。四校课题缘起于2008年，由中央美术学院王铁教授、清华大学美术学院张月教授、天津美术学院彭军教授发起，中国建筑装饰协会牵头，国内知名企业、设计名师和创基金多年的无私慷慨捐助，使得四校课题走过漫长的十个年头。在这十年中，院校师生始终坚持探索实验教学的新模式，突出学术与交流平台的价值，从国内联合教学走向国际联合教学，并为"一带一路"的国家创新发展作出了重要贡献。至今我清晰地记得，我第一次参加四校课题组是在2009年，一晃九年过去了，当时参加四校课题的学生们通过课题获得了专业上的较大提升，今天很多人已经活跃在行业的多个领域，令人感慨。至今，已有参加课题受益的学生近500名，多名学生通过课题培养被国内知名企业设计机构聘用，或者保送留学于有着650年悠久历史的匈牙利佩奇大学，可见，四校课题是一个成功的教育平台、交流平台、友谊平台、共赢的平台……

2018年，四校课题选题聚焦在乡村建设和乡土景观，探讨河北兴隆郭家庄的乡村建设发展。多年来，从社会主义新农村建设到美丽乡村建设，国家从未停止乡村建设规划的脚步。十九大和两会为2018年的乡村研究指明了方向，如何贯彻特色小镇和乡土景观建设是今后国家和专业层面上关注的共同主题。针对郭家庄特色小镇和乡村建设规划的学术定位，如何通过风景园林的视角，解读乡土景观研究和风景园林空间设计是我在教学辅导中重点思考的问题。同时，还应认识到，作为风景园林专业的核心特征之一，空间是风景园林设计的教学重点所在。在风景园林设计专业培养过程中，力求为学生搭建一个艺术、生态和社会三位一体的相对全面的知识框架，并在此基础上鼓励学生的创新式思维和设计探索。

关键词：乡土景观；风景园林；研究；空间设计

Abstract: As time goes by, this year is the tenth anniversary of the founding of the 4×4 experimental teaching project. With the accumulation of teaching team experience and continuous innovation, the collective achievements of the project are more and more fruitful. The project of the 4×4 experimental teaching project originated in 2008, sponsored by Professor Wang Tie of the Central Academy of Fine Arts, Professor Zhang Yue of the Academy of Fine Arts of Tsinghua University and Professor Peng Jun of the Tianjin Academy of Fine Arts, led by the China Association of Architectural Decoration, many years of unselfish and generous donations from well-known domestic enterprises, famous designers and founding funds, making the 4×4 experimental teaching project developed. In the past ten years, the teachers and students of colleges and universities have always insisted on exploring a new mode of experimental teaching, highlighting the value of academic and communication platform, from domestic joint teaching to international joint teaching, and made important contributions to the innovation and development of the The Belt and Road Initiative. So far, I remember clearly that the first time I participated in the group was in 2009, nine years later, when the students who participated in the project obtained a major professional promotion through the project, today many people are already active in many areas of the industry, it is regrettable. Up to now, nearly 500 students in all have participated in the project, and many of them have been employed by famous domestic enterprises or sent to the National Hungarian Page University with a history of 650 years. It can be seen that the 4×4 experimental teaching project is a successful platform for education, communication, friendship and win-win situation...

In 2018, the topics of the 4×4 experimental teaching project focused on rural construction and vernacular landscape, to explore the development of rural construction in Guojiazhuang, xinglong, Hebei Province. For many years, from the construction of new socialist countryside to the construction of beautiful countryside, the state has never stopped the pace of rural construction planning. The Nineteenth National Congress and the Two Sessions of the CPPCC have pointed out the direction of the rural research in 2018. How to carry out the construction of Characteristic Towns and vernacular landscape is the common theme of national and professional attention in the future. In view of the academic orientation of Guojiazhuang characteristic town and rural construction planning, how to interpret the vernacular landscape research and landscape space design from the perspective of landscape architecture is a key issue in my teaching guidance. At the same time, we should also realize that as one of the core characteristics of landscape architecture, space is the focus of landscape architecture design teaching. In the training process of landscape architecture design major, we strive to build a relatively comprehensive knowledge framework of art, ecology and society, and on this basis, encourage students to innovative thinking and design exploration.

Key words: Vernacular landscape; Landscape architecture; Research; Space design

一、课题思考一：2018四校课题提出的乡村问题

从社会主义新农村建设到美丽乡村建设，再到十九大和两会为2018年的乡村研究进一步指明了方向，可见贯彻特色小镇建设是今后国家和专业层面上关注的共同主题。针对郭家庄特色小镇建设和乡村生态规划的学术定位，如何通过风景园林的视角，解读乡土景观研究和风景园林空间设计是我在教学指导中重点思考的问题。郭家庄是我国当前乡村问题的代表之一，在进行课题研究和规划设计解题之前，有必要对郭家庄现状问题进行思考。这些问题对于我国具有普遍性。

1. 农村空心化——农业衰败与人口转移

农村空心化是由于农村人口非农化引起"人走屋空"，以及宅基地普遍"建新不拆旧"，新建住宅逐渐向外围扩展，导致村庄用地规模扩大、闲置废弃加剧的一种"外扩内空"的不良演化过程，是乡村地域系统演化的一种特殊形态。此外，随着人口总量的快速增长，全省人口空间分布也在持续发生变化，区域差异逐渐扩大：经济发达地区的人口增长速度更快，人口密度进一步提高；经济相对欠发达地区常住人口继续减少。农村空心化主要表现为产业空心化、人口空心化以及宅地空心化。

首先是产业空心化。在经济全球化的推动下，以乡镇为主体的乡村产业发展迅速。但由于地理位置偏远，经济实力薄弱，并且缺乏专业技能人才，导致融资困难，人才缺失严重；其次是人口空心化。农村人口空心化的加剧，将导致乡村文化流失、农村劳动力短缺以及耕地资源流失、留守儿童问题突出，甚至是乡村人居环境受到威胁；然后是宅地空心化。在城镇化背景下，由于村民大规模建造新宅造成一户多宅、面积超标的情况普遍存在。村庄外围的无序扩张、内部田地宅地荒废是宅地空心化的主要特征。

2. 乡村旅游同质化——缺乏特色传承和营造

在新型城镇化快速发展和旅游消费需求日益旺盛的背景下，乡村旅游呈现了蓬勃发展的态势。乡村旅游是新常态下旅游业和乡村经济发展新的增长点，也是推动乡村城镇化的重要动力。

乡村与城市之间的生活方式逐渐类似。乡村旅游的大力开发导致城市文化大规模涌入，从住宿环境、休闲娱乐方式、饮食习惯以及其他服务设施，生活方式逐渐与城市接轨，两种风格的生硬融合导致乡土景观遭到不可修复的破坏。

由于农村空心化的影响，劳动力流失严重，耕地大多处于闲置和废弃的状态，造成了自然资源的严重浪费。旅游产品类似，乡土景观特征消失。大多数乡村游景点的经营模式，不外乎旧庭院建筑、休闲农庄、农业旅游点、生态旅游点等。虽然类型不同，但是功能雷同。民俗风情、农耕文化已经被完全忽略。

3. 乡村生态环境的日益恶化

当然，像郭家庄这样的乡村所面临的生态环境危机也是非常重大的现状问题。面对快速的城镇化所带来的乡村景观的巨大改变以及面临的挑战，乡村景观不得不进行体系和营造方式的转变探索，寻求与城镇化发展相契合的新型特色发展模式。但这些发展的前提都是如何尽可能更好地保护乡村生态环境和特色农业模式。

二、课题思考二：风景园林视角的乡土景观研究

如何通过风景园林的视角，对郭家庄规划范围进行系统的乡土景观研究，并提出研究方法和具体策略，是本研究的关键。风景园林设计需要发挥其专业优势，探索乡村建设尤其是乡土景观方面的突破口和解决策略。

有关乡土景观的研究起步于20世纪四五十年代的欧洲国家，鉴于工业时代快速城市化进程中人居环境的巨大转变，由专业人员主导的标准化建造的人居环境因忽视与传统文化和自然环境的关联而为人诟病。各类没有设计师设计的"自然产生或者集体无意识产生"的景观开始受到人们的重视，乡土景观的研究逐渐开展。我国经过30年的改革开放，在全球化和城市化的双重冲击下，以农业社会为基础的乡土景观正在快速消失。城市的迅猛扩展割裂了地域文脉，形成各地雷同的景观面貌。2013年底召开的中央城镇化工作会议，指出"让居民望得见山、看得见水、记得住乡愁；要融入现代元素，更要保护和弘扬传统优秀文化，延续城市历史文脉"。由此，以"乡愁"为主题的乡土景观的讨论成为目前国内的舆论热点之一。十九大和两会为2018年的乡村研究指明了方向，如何贯彻特色小镇建设是今后国家和专业层面上关注的共同主题。

国内乡土景观的相关研究目前可分为两大领域：即农业生态研究和乡村聚落研究。前者领域主要为地理学与生态学，围绕农田景观，将其视为草地、耕地、林地、树篱及道路等组成的生态系统，侧重景观空间格局、生态农业及生物多样性方面的研究。后者则关注乡村建筑及村落环境，该领域主要为建筑与规划学科，强调聚落景观的空间结构和形态、材料和建造等；国外对于乡土景观的研究融合了众多学科的理论与方法，围绕城市化面临的生态与文化危机，从多个视角进行探讨，在研究尺度上，把聚落和农业系统以及外围的自然环境作为一个整体，建立了整体化、层次化研究；在研究维度上，重视共时性和历时性研究，将地区性乡土景观的历史发展、现状评价和未来规划进一步融合，研究乡土景观类型和形态以及适应于历史阶段的发展方向，扩大了研究的深度与广度。

在四校2018年郭家庄课题的指导中，我要求学生在尊重自然生态环境的基础上，权衡乡村的多元环境和综合业态，以特色产业发展和人的回归为途径，以可持续发展为目标，提出一套基于风景园林专业角度的景观规划设计方案。综合国内外关于乡土景观的研究状况和相关成果，我们更需要从风景园林专业的角度对乡土景观提出独立的态度和针对性策略。风景园林学科是较为典型的交叉学科，与生态学、地理学、建筑和规划学科都有交叠，比较强调实践性，其专业核心可以总结为：安排土地，建设家园，学科范畴与乡土景观的内涵重叠度较高，但因为相关研究起步较晚，其研究方法在宏观尺度上需借鉴生态学、地理学的研究方法，微观层面上则可以学习建筑与规划学科的研究框架。乡土景观的研究已经成为我国人居环境学科中不可缺少的内容。以风景园林为视角的研究，注重自然生态系统、农田景观系统及聚落景观系统的整体化、层次化研究，强调乡土景观的生产、生活、生态和艺术的综合属性，分析乡土景观的有机更新及转化途径，探索传统乡土景观与新型城镇空间形态的景观整合策略，对本课题而言能够起到理论框架支撑作用（图1）。

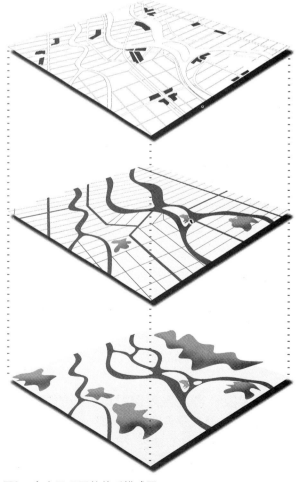

图1 乡土景观层状体系模式图

三、课题思考三：风景园林空间设计

在郭家庄课题中，乡村建设和乡土景观规划设计最终还是要落在风景园林空间设计中。空间设计是风景园林设计的本质所在。因此，对风景园林空间的认识和剖析也是该课题指导的重点和难点所在。风景园林教育深受艺术学和建筑学影响。虽然风景园林空间与建筑空间有相通之处，然而却不能直接移植建筑学专业的空间训练方法。其原因一方面是风景园林设计场地的水平维度一般而言远大于竖向维度，常常成为主导因素，并且缺乏顶界面，使得空间特性异于建筑学；另一方面，空间的围合元素常常采用地形和植被，相比较于建筑中的墙体，地形和植被的形态常常显得比较有机，同时高度又是变化的。

1. 风景园林空间的特点

与乡村和乡土景观相关的风景园林空间设计主要通过基面上的地形变化来形成空间结构，通常设计介入前，场地便有自身的空间结构，设计干预使原先的空间结构获得增加或者重新构筑。相比较建筑而言，地形的起伏变化是园林设计特有的塑造空间的手段。近年来的非线性和景观都市化思想更是大大推动了图形化基面的设计，力图模糊建筑与开放空间的界限，努力使得景观而非建筑成为主角。

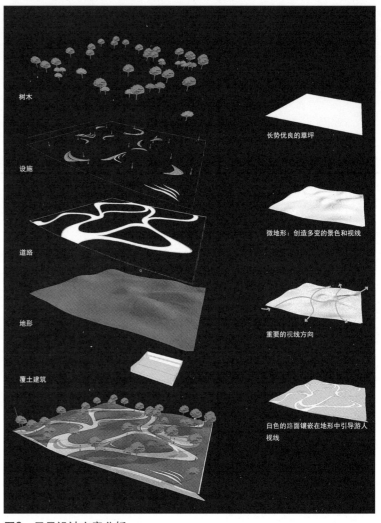

图2　风景设计方案分析

对自然地形的模仿是图形化基面的第一种表现方式。传统的自然山水园、如画式风景园在整体上通常是属于这一类型。直到今天，很多景观仍然沿用这一有效的空间塑造方法。这一类方法往往选取一种典型地貌作为蓝本对其进行模仿和艺术体现，例如德国风景园林师克鲁斯卡在西园中的地形设计便是对慕尼黑所处的阿尔卑斯山山前谷地式地貌的模仿。

当代风景园林更将地形看作是具有容纳功能的空间—实体的复合，建筑、场地乃至基础设施都被整合起来，成为景观的一部分。景观被看作是流动的地表，形成连续的地表覆盖（图2）。"景观不仅是绿色的景物或自然空间，更是连续的地表结构，一种加厚的地面，它作为一种城市支撑结构能够容纳以各种自然过程为主导的生态基础设施和以多种功能为主导的公共基础设施，并为它们提供支持和服务。"

2. 风景园林空间的体验性

不论是图形化基面还是层状空间，无不将空间与人的体验联系在了一起。对于图形化基面的设计，野口勇认为人们进入这样的一个空间，它是他真实的领域，当一些精心考虑的物体和线条被引入的时候，就具有了尺度和意义，这是雕塑创造空间的原因。文艺复兴以来一直被唯一视点固定在"外面"的观察者可以穿过假想的界面向前迈进，因此，伯纳德·霍斯利（Bernhard Hoesli）称之为空间归属的选择留给了观察者。风景园林空间的体验性为整体景观空间构成动线提供了设计依据。

四、思考四：乡土景观保护与更新的整合策略研究

在前三方面关于课题现状问题、乡土景观研究以及风景园林空间设计思考的基础上，对郭家庄课题的解题思路提出了以下方面的可能性，用于指导研究生的课题论文和设计方案。

1. 乡土景观连通景观生态网络

乡土景观构成生态网络的主体，连通性是其基本特征，包含了空间上的开放性、人行为上的可达性以及流动

性，空间形态上比较注重边缘效应，将城镇和乡村景观形成互锁结构。连通性的生态网络使新型城镇成为更大尺度上的开放空间体系与生态系统的一个有机组成部分。

2．乡土景观作为紧凑小镇建设空间的发展边界

较高密度形成的紧凑布局一方面能鼓励居民自发交往，激发新型城镇和特色小镇生活的多样性；另一方面，在建设总量一定的前提下，较高密度能将更多的土地作为农耕景观用地。新型城镇和特色小镇的布局可以借鉴传统的梯度模式，清晰界定城镇边界，避免了郊区化出现，同时也保证了新型城镇和特色小镇最大限度地体现区域的乡土景观特色。

3．乡土景观充当特色小镇集群的绿心

在特色小镇建设和新型城镇化进程中，乡土景观需要通过连通性梳理和多重功能叠加以及交接地带的处理，充当小镇群的绿心，根据地形土壤、排水特征、植被变化、土地利用的更替来解读场地中功能特征的变化，直接或者间接地转译为新的设计形式，与原有场地层叠加、并置或者连接成一个整体，从而保证小镇群建设的可持续发展。

4．乡土景观渗透和织补城镇社区空间

特色小镇和乡村复兴的核心是以人为中心，需要振兴乡村社区。其空间模式是物理环境与社会网络的叠加，其开发建设的最终目标是营造一种健康平等、邻里关系和睦密切、社会责任感意识强烈的社区形态。根据社区参与、乡土景观渗透和相关景观事件，创造一个与居民为核心的动态开放的绿色空间体系，形成特色小镇独有的人文气质。

可见，郭家庄乡村景观和特色小镇规划设计是一个综合问题，需要通过多元化方法和策略介入，从而逐步促进其保护更新和可持续发展。以上思考用于指导研究生的课题论文写作和基地乡土景观设计（图3），并在具体课题设计思考中得以验证。

图3　侯晓蕾副教授指导研究生刘晓宇课题设计

设计教育思考维度
Design Education Thinking Dimensions

清华大学 美术学院/张月 教授
School of Fine Arts, Tsinghua University
Prof. Zhang Yue

摘要：设计不应仅仅关注行业本身的专业问题，因为设计是与社会的各个方面和层次产生关联。设计不是孤立存在的，文化的特质一定会在设计中体现。因此设计本身是不能解决文化问题的。植根于西方文化的现代设计体系并不能完全适应不同的文化背景，我们应该关注设计与文化的关系。人类文明历史的经验证实，人类聚居环境的规划最重要的并非是空间形式的塑造，而是塑造一种生活方式。技术已经深深地在改变生活，改变了设计的方法和手段，改变了设计师思考问题的角度，也明显地改变了人居环境的生态，所以设计迫切地需要伴随技术发展的可能性。在中国当下的设计学术领域充斥着很多不讲科学实证精神的现象，然而，现代西方社会体系在很多方面都是基于科学"实证"精神。基于这样文化产生的设计学科也一样，严谨和客观是以包豪斯为代表的现代设计体系的一个根本。

Abstract: Design should not only focus on the industry's own professional problems, because the design is associated with all aspects and levels of society. Design is not isolated, cultural characteristics will be reflected in the design. So the design itself can not solve the cultural problems. The modern design system rooted in Western culture can not fully adapt to different cultural backgrounds. We should pay attention to the relationship between design and culture. The history of human civilization tells us that the most important thing in the planning of human settlements is not shaping the form of space, but shaping a way of life. Technology has been deeply in the change we have changed the design methods and means to change the designer's thinking of the problem point of view, but also significantly changed the living environment of the existence of the form, so the design of the urgent need to understand the possibility of technological development The In China, the design of academic field is full of many do not talk about the phenomenon of scientific and empirical spirit, modern Western social system in many aspects are based on scientific "empirical" spirit. Based on the culture of such design disciplines are the same, rigorous and objective is to Bauhaus as the representative of the modern design system is a fundamental.

一、概述

当下的中国设计教育已经不像30年前只是少数人在北上广的某个角落里，跟随着经济发展的大潮懵懵懂懂地"摸着石头过河"。设计在生活里已经跟早市里卖的青菜一样司空见惯，尽管实际上每个人对设计的理解不论是从哪个角度、哪个层次都有不够精确或偏颇。设计已不是一个小众词汇，对设计的讨论已经成为一个司空见惯的话题。在这样的一种语境下很多一般性设计问题的就事论事的讨论已经没有太多的意义。而与设计相关的各类社会问题的讨论反而会使我们逆向溯源，对设计中存在的问题有个更清醒的认知。

设计教育也存在同样的问题，它不应仅仅关注专业与技艺，还应关注与设计行业息息相关的社会领域，设计不是孤立的。其实从目前中国的设计教育成果来说，尽管有这样那样的参差不齐，尽管设计行业的技艺和技术还有待发展和改进，但总体来讲已经发展成了一个相对完整的专业体系。学生和进入行业领域的人才所面对的并且在后续还要不断面对的绝大多数问题，并非只是本专业的问题。设计因其从技术的角度解决人类社会生活中各类问题的属性,它就像一个中枢,与人类社会各个层面的问题产生了千丝万缕的联系。

二、设计与文化

古老文化的意义在于后来的新文明依然可以依托它而生存,文化中的积累对后来者是否能继续提供有益的利于推动社会进步的滋养。从此也可以看出,一个古老文明的价值在于它是否可以创造新的文化。设计不是孤立存在的,文化的特质一定会在设计中体现。从中西文化的差异可以看出设计理念背后的文化根基。尽管我们在设计教育中引入了很多现代西方的设计理论,但这些理论的背景多数是西方文化为根基的,拿到中国就水土不服,回到现实的设计市场中我们还是会被文化的汪洋大海给淹没。因此设计本身更多的时候是不能解决文化问题的。植根于西方文化的现代设计体系也不能完全适应不同的文化背景,所以我们应该关注设计与文化的关系。

中国人的审美趣味与价值观是一脉相承的,中国设计的很多问题也是中国文化的问题,追求秩序、追求统一,这是追求皇天后土思想的遗产,我们也是一个好面子的民族,很多的功夫都下在了表面上,生活的目的不是为了自己的感受,而是给别人看的。设计也一样,更多地注重外在的形式,而对内在的品质却关注得较少。所以也造成了产品与工程品质的表面化。其实过度强调"装饰"、强调"形式感"的中国风就是这一文化特质的真实体现。

欧美的设计偏于功能和技术,其审美趣味则更多地是基于功能和技术过程的下意识,是延续功能与技术的发自设计师审美素养的直接表达,并非为了刻意地表现给别人看。所有的设计都以实用和有目的为目标,没有浮夸的炫耀。但在功能和细节上却做得很扎实。其文化和艺术性并非是通过一些装腔作势的形式来体现,而是通过对功能细节的价值取向及对某些形式要素的偏好(色彩、材料、质感)而自然产生。而中国的设计更多地是偏于艺术和文化,强调对观念的挖掘及表达的个性化。因此会刻意地强调某些意图和观念。

图1　终期答辩现场1

图2　终期答辩现场2

对于简约设计理解的差别也可以看出其差异,欧美人的务实文化可以在这方面体现出来,比如装修,以实用为主,即使是很豪华的酒店,也很少会用到昂贵石材、木材,不会为眼睛花冤枉钱。做东西也不会人为强求什么,一切顺其自然,改变和提高都是通过技术和工具的进步去推动,而且这种改变也应该是有实际意义的,不会为某些表面的形式去浪费人的精力和时间,不似中国人常常人为要求形式的极致、设计的轻松与诙谐,而不是执着于某类技艺和特殊工艺。很多设计其实只是一个简单想法,并不需要刻意表达很多、做很多。而且其手法应该是基于当下的工艺和技术,而不是非要以某种特殊的技艺来完成,所以在技术上也是通行易得的,关键在想法和趣味。

环境会决定人的行为,在简单的世界里,简单的设计很有魅力,在这里你只想在天地之间简单地驰骋,绝不会设想那些伪小资的所谓品位。但在穷奢极欲的世界,极简设计的魅力荡然无存,只能演变成扭曲的穷奢极欲的为形式而形式的装腔作势。

在这个语境里,设计教育不应仅仅以专业的视角和层面来理解和传播知识,而应该更广泛地从文化的层面去解读和构建设计知识体系,使设计人才的专业化知识的构建基于对文化的深刻理解。

三、设计与生活方式

如果说社会生活是"躯体"、建筑与空间环境就是包裹承载这躯体的"衣服"。这可以理解为"建筑是生活的外化"的通俗解读。以这样的关系来说,建筑与空间环境的形制——"衣衫"应该是遵从于"躯体"——社会生活的需求,而不是相反用建筑任意切割、修改社会生活。但现在的空间环境学科,发展了一套复杂的学科体系后,就以为可以随意主宰"社会生活"的"躯体"。就好像是工业革命后妄自尊大的人类一样,自以为可以依托自己掌握的科技主宰自然。最后的结果证明人类还差得远。

人类文明历史的经验告诉我们,人类聚居环境的规划中最重要的并非是空间形式的塑造,关键是塑造一种生活方式,且是公众愿意接受的方式。所以空间环境的规划不应仅仅由建筑师等做空间形态的人来控制,还应该有与社会生活息息相关的经济、管理等人文学科的专业人员参与,从社会运作方面来厘清社会生活的运作模式,并据以创造与之吻合的空间环境。否则,脱离生活模式的空间设定很有可能就是一个鬼城。所以说建筑空间环境是人行为模式的外化,人的行为才是建筑空间环境的灵魂。

当代很多的空间环境设计者走入了一个误区,他们太想通过设计展现什么,太关注设计本身的问题,反而忽略了设计最本质的为人类服务的目的。设计师应该更多关注的是"人"而不是"设计"。应该是把空间环境的塑造降低到服务于人的需求之主题下,而不是设计一家独大。很多时候也许恰恰因为我们仅仅在设计的语境里讨论问题,大家会比较关注设计本身的问题。但如果从用户关注的语境来说,公众可能更关注你给他们带来了什么?

就如当下的中国魅力乡村建设,优美的风景是否能生存、可持续,与其说是环境资源和设计师的理念所至,毋宁说是深居于此的乡人的信念决定,你热爱她吗?如果你的信念已经放弃她,那么她已经离你而去。设计只不过是最后扣动扳机的执行者。

图3 颁奖现场

图4 匈牙利佩奇大学展馆

中国村镇急需解决的问题在于村镇环境太差,但原有的农耕时代的状态并非如此,很多的旅游目的地都是古老的村落,它们并不缺乏美。换句话说这并非是设计的问题。问题就出在现代化的过程中环境变迁与更新的失控,大部分都是以谋取个体或小群体的短期利益为重,简单粗暴地对待村镇环境,忽视了公共性。

其实在美丽乡村这个运动的背后,各种力量的角力和诉求的不同才是问题的最大症结。城里人、设计师、管理层和村人,对同一件事情的理解和诉求都不一样。现状更多的是城里人与村人合谋及相互需求的认同结果,这种结果从设计专业或历史文化的角度也许不能得到专业的认同,但这个世界有它自己的规则,经济发展与生存的需求也许是很多事物的最终归宿。唯独管理层多数情况下在这里是不确定的因素,他们所做的经常只是为了博眼球,另外缺少民意的合理回馈渠道也潜在影响着问题的走向。世界其他地方也有乡村现代化的过程,但因为有属地居民的意愿牵制(社会机制),所以并没有出现类似的情况,缺少沟通与钳制机制、属地居民的意愿被压制、资本的非本地背景、没有归属感与责任感的滥用和对资源的掠夺性使用是破坏环境的元凶。

对现在的环境找到合理的当下生存模式,不只是环境的建构问题,而是社会结构建构的问题,环境是社会的载体,所以构建和保护环境,首先是构建和保护社会活动和社会结构。环境的变迁其实是社会结构与活动变迁的结果。建筑空间环境设计的好坏其实对村镇影响并不大,更多的是村镇的空间结构和宏观布局、环境品质及色彩构成。很多的优美古镇就是很好的例子。其实它们都没有什么特别突出的建筑作品，但整体的感觉很好。所以设计师应该撤出、淡出，首先乡村的建构模式就没设计啥事。不要把自己幻想出来的所谓模式真当作什么范式。很多的所谓经过专业设计经营的案例里充斥着刻意而为的幻象，这里充满了为了与城市或其他地域有区别而刻意伪装出来的特色，就像打了膨大剂的西瓜般不真实。它们很多就是由设计师执笔、由城市资本做后盾、以城市视角为评价标准的乌托邦（伪装的乡村）模仿秀。它一上来就直奔结果，忘了乡村的风貌只是乡村社会生活与经济发展的结果，首先应该做的是促进乡村社会与经济生活的发展，至于风貌该啥样是村人自己的事！

四、设计与技术

技术已经深深地影响到生活，尤其是信息技术、数字技术、人工智能等一系列高技术的快速发展。在制造业这一切已显得非常明显，但在国内目前的空间环境设计领域，设计师们依然仅仅是被动地适应各种技术发展的变化，很少主动地去探索这些技术的发展会对我们的空间环境产生什么影响。这从专业学术圈内各种学术活动的主题就可以发现，讨论文化、社会学、美学问题的很多，但很少有人谈论技术问题，谈论也仅限于具体的应用手段。中国文化特有的对待问题的态度很有可能扭曲和弱化了对技术问题的关注。在这一点上中国人和西方人的区别，可从日常小事可以看出。北京人爱吃涮羊肉，但是吃了上百年，切羊肉片的机器是西方人发明的。中国人喝砖茶（普洱）喝了这么多年，但茶砖的破解依然沿用着茶刀这种笨拙的方法，同样的西方人的咖啡豆也不好弄，但他们却发明了各种咖啡机。对待问题中国人习惯的以磨炼技能来应对，所以产生了中国"功夫"。西方人更多的是发明工具去解决问题。因此，某种意义上技术的产生与文化有关。

但技术已经深深地在改变我们，例如参数化设计就改变了设计的方法和手段，改变了设计师思考问题的角度，也明显地改变了空间环境建造的形态。人居环境的存在形态，与技术的发展有相当的关联。手工业时代，人力所能控制的资源范畴有限，因此世界呈现的是分散分布式的，工业化时代的工业技术带来了巨大的资源控制力，反映到环境就是巨大的集约的集中式体量。它不是自然分布的状态，因此需要很多的机械去维持，我们因为有了技术而变成这样，也因为这样而需要技术。鸡生蛋、蛋生鸡？

未来的很多技术，诸如参数化、数字化制造、3D打印、大数据、人工智能都会有深刻的影响。还有很多潜在的影响在改变着我们的行业。比如一些新的空间环境业态——诚品、co-working, we home等，这一切可能都是互联网技术带来的潜在的空间变革的开始，它不仅仅引起商业模式的改变、建筑空间环境经营管理方式的改变，也可能深远地影响建筑空间的模式，行为的改变一定会改变空间模式！传统的CBD、shopping mall 模式其实是对应大工业的集约化社会组织方式，时间、地点、人的确定性是决定的因素。但现在这些可能都不重要了，甚至空间环境的拥有权也会弱化，最关键的是你是否会通过恰当的方式找到你需要的空间环境资源。其实拥有权是个时间概念，当你不需要长期拥有时，拥有也就没意义了！

这一切改变的开始都是因为技术给出了新的可能，打破了原有的边界，使资源的组织重新按照新的规则构建，这可能会改变很多原有的体系和规则，而设计最核心的部分就是建立体系和规则，所以设计迫切地需要了解技术发展的可能性。

五、设计与科学精神

西方现代社会进步的一个重要要素是自文艺复兴以来的科学进步所带来的科学精神，而科学的一个重要进步是"实证"，任何的一种观念都要经过验证，以保证其成为具有普适性的标准和规则，用以指导人类进步。这是现代文明区别于传统文明的一个重要标志，也是其得以获得改造自然的能力和社会得以发展进步的前提。现代西方社会在很多方面都是基于这样的一个"实证"精神为基础和体系建立起来的。因此，在各个领域和工作场景都是秉持和遵循这样一个体系。设计也一样，严谨和客观是西方设计尤其是以包豪斯为代表现代主义之后的设计体系的一个根本。

但回溯中国社会的现状却普遍地不是这样，即使是接受了西方现代科技及科学思想的人，也经常会根据一些已知的理论去片面地仅靠推论，而不是做实验验证去营造自己的理论体系。以为推理的基础是已经验证的科学体系，而推导也符合逻辑，其结果就必然是正确的。这样形成了很多根据科学理论推论出来的貌似合理的学说，在我们的身边是司空见惯的。很多的传统体系也借此附上了科学的外衣而风生水起（比如风水）。而且中国人的传统又很热衷于这些说不清道不白的东西，而且以其神秘为荣。但以现代科学的实证精神来看，尽管它们都是根据已有的经验或理论推导，也似乎是有些道理。但是没有经过定性定量的验证的假说就是"假说"，不能称其为科学。更不能作为指导规则来引领现实的操作。作为面对社会需求提供解决方案的设计就更应是如此。

在中国当下的设计行业就充斥着很多完全不讲科学实证精神的现象，对基本科学问题缺乏严谨的精神。典型的现象有：

1. 望文生义、主观臆断、一知半解，对科学理论缺少起码的严肃认知。典型的如对绿色设计、可持续设计、环保等问题的认知，设计行业从业者对基本概念含糊，处于科盲状态的比比皆是。他们不是严谨地验证设计所可能产生的实际后果，而多数是仅凭抽象的概念推导演绎而确认设计的概念和方法，把科学原理当成了文字概念游戏。

2. 以观念推导代替实践检验、以主观经验代替客观科学，盲从于各种流行的道听途说。如果说有些说法作为民间习俗或者文化现象来融于设计概念还可以勉强接受的话，但如果真的把它当作严谨的科学规律去指导设计就有些贻笑大方了，典型的如风水之流的经验知识也当成了科学，作为规律去指导设计。

3. 不讲科学规律，只讲人的能动性，这已经成了一种所谓的精神宝库，我们历史上虽然凭着顽强的意志一时超越常规解决了某些问题，但却永久性地为不按科学规律办事树立了坏的榜样，使我们后来一直过度强调人的主观能动性对事物的影响，而忽略了客观的决定作用，至今仍不尊重客观规律。设计也未尝不是这样，典型如加班的家常便饭、赶工期，过程中的各种设计要素随意搬来弄去（时间的、资金的、功能的），缺少客观依据的各种讨价还价。一切都成了可以根据主观能动性调来调去的东西，科学精神何在？

以现代科学为根基的现代文化，与传统文化最本质的不同，是现代文明把人之外的世界万物看成是独立存在的他者，除了他可能在某些环节对人的影响，或人的活动在某些环节对它的影响，它的存在，它的运动变化都与人无关。因此人对它们的描述方式都是脱离人事的。而传统文化是认为这个世界的一切存在都与人有关，即使是上帝和神明的存在和历史也是围绕着人的，因此人们总是试图用人的方式去解读和描述周围的一切，使它缺少了客观性，堪虞（风水）与现代地理的区别就在于此。

这种风气的始作俑者也与设计教育的维文化、维艺术主导有关，设计教育的过度强调艺术个性、强调人的文化主导，与缺少科学理论体系的系统教育有很大的责任。即使到今天，在设计教育已经很普及的状态下，设计教育中的学术风气仍然更多的是表面化的概念游戏，搬弄理论、望文生义、以理论概念推导代替试验实证的"伪科学"依然比比皆是，当然不能否认这与急功近利的社会风气有某种关系，但究其根源还是我们的文化里维经验、维传统，而不注重踏实的实证探索有关。这在未来的强调创新、以高科技为主导的设计发展中将会贻害无穷。

二十一世纪是一个快速发展、快速变化的时代，而设计是人类应对其面临各类问题、引领社会发展的重要手段之一，所以设计专业、设计教育都必须对其发展所面临的问题有清醒的认识，必须有前瞻性和多维度思考，否则就无法应对其所面临的复杂挑战。

4×4历程·专业教学探索
4×4 Process · Exploration of Professional Teaching

天津美术学院 环境与建筑艺术学院/彭军 教授
School of Environmental and Architecture Art, Tianjin Academy of Fine Arts
Prof. Peng Jun

摘要：通过对"四校四导师"环艺专业实验教学活动的回顾，论述了这一具有探索性、创新性的高等院校艺术设计本科生专业开放教学新模式的探索；对国内高校传统的封闭式研究生教学所进行的较深层面的思考与改革。

关键词：探索；教学壁垒；联合教学

Abstract: With the introduction of the teaching activities from "Four Schools Association" Environmental Art Design of graduation project, it discusses the exploration of this explorative and innovative new teaching mode for the master of fine arts of institutions of higher learning. At the same time, it conducts a deeper reflection and reformation towards Chinese traditional enclosed postgraduate education of domestic tertiary institutions.

Key words: Exploration;Teaching barriers;Joint teaching

"四校四导师"联合实验教学活动自2009年起历时10个春秋，至2018年9月"创基金（四校四导师）实验教学活动"在匈牙利佩奇大学终审颁奖落下帷幕、活动圆满完成，回首初创此项活动时的其情其景恍如昨日，弹指间已经历时十届……

一、从"四校四导师"到"4×4"的历程

1. "四校四导师"环境设计专业毕业设计实验教学的创办

环境设计专业创办至今历时30余载，相对本领域传统的建筑设计、风景园林等专业而言尚属新兴的专业，虽然历史的时间不长，但得益于改革开放、国家的经济起飞而发展却十分迅猛，在很短的时间里，可以说是遍布了祖国大地的各个区域。环境设计专业创办其时正值改革开放之初，我国城市环境建设、建筑营造、室内装饰等相关行业如火如荼地进行之中，在这样广阔的建设工程项目市场之下，对专门设计人才的需求量非常巨大，掀起了一股环境设计专业的办学热。传统的美术院校首当其冲率先成立环境设计专业（当时为环境艺术设计），紧接着城市规划、建筑设计类院校也加以拓展，开设环境设计专业；师范类院校的美术学科，农林院校的风景园林、园艺设计等也加入其中；还有为数众多的综合类院校，也先后纷纷加入……由于发展过快，这种由市场实际需求倒逼专业建设的情形，加之毕业学生就业的前景极度乐观，各院校没有来得及沉静下来，审视地、系统地、全面地探讨本专业科学的专业建设问题。还由于开设环境设计专业的院校涉及太广泛，而各院校的教学特色与背景、专业课程的积淀、教学软硬件条件、师资力量、生源学苗的自身能力与艺术素养等方面的差异又是如此的巨大，使得各院校的环境设计教学、课程设置、教学侧重点等诸多方面，都存在相当大的差异。

当时环境设计专业的教学交流活动相当的稀缺，而交流的方式几乎也只是教学成果的年度评奖和设计成果展示。虽然通过评比能够看到优秀的"果"，而这种"果"的成因，是否存在更好的办法达到相同的甚至更好的"果"却不得而知。俗话说"台上1分钟，台下10年功"，仅仅展示台上的这1分钟，并不能解决问题，达到深度交流的目的，台下练"功"的过程细节才是更加值得相互切磋的根本核心内容。

2008年底，中央美术学院王铁教授、清华大学美术学院张月教授一同莅临天津美术学院会面，共同商讨如何改变高校传统教学固步自封教学模式壁垒，使校级之间的专业教学进行深度交流，真正起到取长补短的目的；同

时如何让学生在学期间加强实践性训练,如何将院校与企业更好地去协同,增强办学的力量等方面的问题进行了思考。强烈的事业使命感和教师的责任心促成了"四校四导师"环境设计专业毕业设计联合教学活动,开始了今后10年的探索创新之路。

最初的想法其实挺单纯,每年采取"3+1"组织形式:中央美术学院王铁教授、清华大学美术学院张月教授、天津美术学院彭军教授,再每年邀请一所大学的专业带头人,率各自所带的毕业生共同进行毕业设计指导课程,使各校的学生能共享稀缺的优质教学资源,"四校四导师"的教学组织模式得以成型。

各校的毕业设计教学课程是学生即将进入社会最后阶段教学,也最能反映本科教学效果。"四校四导师"的教学在本科教学最后一个学期之始进行开题汇报、两次集中中期会审、4次导师组巡回指导、在期末进行终期成果结题汇报这种直接的、过程式的、交叉的毕业设计课程教学方式,让4所院校的师生能够更加近距离地感受到不同教授的教学思路和教学手段,体验不同院校教学氛围,去碰撞出火花与激情,去发现差别、寻找原因、深刻总结、探讨趋势,共谋今后未来科学的、系统的学科建设发展之路,将教授治学落到实处(图1～图5,2009年第一届"四

图1　王铁教授指导学生

图2　张月教授指导学生

图3　彭军教授指导学生

图4　导师组指导教学

图5　2009年4月11日"四校四导师"师生在天津美术学院

校四导师"在天津美术学院中期教学会审)。"四校四导师"教学活动还有一个与众不同的特点:不占用所在院校的课时,所开展的教学活动完全利用周末节假日,不占用所在院校的任何经费资源,这个原则也一直坚持至今。将企业力量引进来,搭建起"名校、名师、名企"这种崭新的、先导性的协同治学教学平台,这也成为日后发展成为"创基金4×4(四校四导师)实验教学课题"的理念基础;院校的发展需要策略性地教师梯队建设,形成每所院校由一名中青年教师做助手——即导师,搭档责任导师共同完成课题,这样就很好地解决用项目、用切身课题全程参与去培养教学新生骨干力量的"传帮带"问题,构建了来自各地院校责任导师、导师,还包括来自本专业著名一线设计师、企业家作为实践导师的三位一体的导师团队;邀请中科院院士、长江学者等知名学者担任学术顾问,从根本上保证了项目实施的品质。

通过"3+1"——即以中央美术学院、清华大学美术学院、天津美术学院三所院校为核心,每年吸纳一所综合类艺术设计院校共同完成"四校四导师"环艺专业毕业设计联合教学项目,改变了过去单一知识型培养方针、向知识与实践并存型人才培养转变的创举,引起了本行业主管部门、本专业的院校、社会各界的广泛关注。教授们淡泊名利奉献,企业反哺教育的无私慷慨解囊,感动了他人也感动了自己。

2010年,与深圳室内装饰协会赵庆祥秘书长一拍即合——聘请国内在本专业领域具有影响力、高水平的十个知名设计公司的设计专家作为实践导师,他们是:

于　强　深圳市于强环境艺术设计有限公司设计总监
李益中　深圳市派尚环境艺术设计有限公司设计总监
何潇宁　顶贺环境设计(深圳)有限公司设计总监
林文格　文格空间设计顾问(深圳)公司设计总监
杨邦胜　杨邦胜酒店设计顾问公司设计总监
陈厚夫　深圳市厚夫设计顾问有限公司设计总监
洪忠轩　深圳市假日东方室内设计有限公司设计总监
姜　峰　深圳市姜峰室内设计有限公司设计总监
秦岳明　深圳朗联设计顾问有限公司设计总监
琚　宾　水平线空间设计有限公司设计总监

院校导师与实践导师组成导师组共同开展专业研究与教学成为"四校四导师"环境设计专业毕业设计实验教学项目发展历程的一个里程碑,这种模式进一步加强了课题的实践性、实战性,为中国艺术设计教育培养高质量人才,为中国高等院校实验教学模式的创新,是一种弥足珍贵的前沿探索,给我国环境设计教育未来发展带来启示的价值无可估量。2011、2012年还先后将各校的硕士研究生论文、研究生毕业设计的开题、会审指导纳入到本教学课程范围,使涵盖内容更加完整,项目课题向更高层面稳步迈进(图6)。

图6　2010年第二届"四校四导师"教学活动天津美术学院中期会审海报

2. 创基金4×4（四校四导师）实验教学的发展

"四校四导师"教学活动经过了前5年的探索、实践，2014年是"四校四导师"环境设计本科毕业设计实验教学课题经历的第六个年头，也是第二个五年的开局之年，参加到该课题的院校已扩大至16所院校，形成4所核心院校（天津美术学院环境与建筑艺术学院、中央美术学院建筑学院、清华大学美术学院、苏州大学金螳螂建筑与城市环境学院）、4所知名基础院校、4所知名支撑院校，每年吸收国内有代表性的综合类艺术设计院校，以及国际上的1所著名院校，与深圳创想公益基金会达成长期教育发展战略同盟，邀请2~4家50强设计企业共同组成导师组；邀请中科院院士、长江学者等知名学者担任学术顾问；在第四学年内共同指导各院校的本科生完成毕业设计课程。

课题取得丰硕成果也集合了企业的力量，形成多元化投入、合力支持的格局，是校企协同共谋教育发展的成功案例。尤其与"深圳创想公益基金会"达成长效教育战略发展同盟。深圳市创想公益基金会，简称"创基金"。创基金由邱德光、林学明、梁景华、梁志天、梁建国、陈耀光、姜峰、戴昆、孙建华、琚宾十位来自中国内地、香港、台湾的室内设计师共同创立，是中国设计界第一次自发性发起、组织、成立的公益基金会。创基金以"求创新、助创业、共创未来"为使命，特别设有教育、发展及交流委员会，协助推动设计教育的发展，传承和发扬中华文化，支持业界相互交流。

2016年，匈牙利佩奇大学加入到"创基金4×4（四校四导师）联合实验教学"课题组，将国际上先进主流的环境与建筑设计理念引入课题组，同时也引入了国际化的教学资源，开拓了视野。"创基金4×4（四校四导师）联合实验教学"活动这个平台成为中国学生去佩奇大学深造硕士学位、博士学位的直通车，这使"创基金4×4（四校四导师）联合实验教学"活动走向了更加广阔的发展前景。特别是"创基金4×4（四校四导师）联合实验教学"课题组组长王铁教授以个人在本领域的所取得的学术成就和专业地位被佩奇大学荣聘博士生导师，成为获该校此学术荣誉的亚洲第一位学者，既标志着中国的专业教育领军学者在国际历史悠久的高等学府的学术地位，又是本课题项目走出国门，与世界专业教学接轨的里程碑（图7）。

2017年是佩奇大学600周年校庆，中外16所院校师生齐聚这所历史发展悠久、文化底蕴深厚、教学独树一帜的国际院校，完成当年"创基金4×4（四校四导师）联合实验教学"项目结题成果汇报与成果展，成为国际间协

图7 王铁教授荣聘佩奇大学博士生导师

同合作教学课题实践的典范，为今后我国环境设计教育坚定地走向国际交流的步伐夯实了基础，树立了一种可资借鉴的模式。

2018年，是"四校四导师"教学活动的第十年，中外19所院校师生再次齐聚佩奇大学，特别是教师作品成果展环节，展现了当今我国环境设计教学师资力量的风貌，使得教学环节的主导者、教学计划的最终执行者的能力展现在国际的视域，不仅是学生，我们的教师也用自己的作品诠释着自己的科研与教学的艺术追求（图8）。

图8　参加2018年第十届"四校四导师"教学活动的中外师生

二、推动专业交流、创新教学模式

1. "协同创新"——集中多方力量共谋发展

2015年11月05日，党中央、国务院做出"统筹推进世界一流大学和一流学科建设"的重大战略决策，从而带动了我国高等教育整体水平的提升，实现我国从高等教育大国到高等教育强国的历史性跨越。这无疑既是高等院校发展的契机，同时也是挑战。而"四校四导师"环境设计本科毕业设计实验教学课题自第一届始，就注重协同发展，共同发展。

为了实现"统筹推进世界一流大学和一流学科建设"的伟大战略目标，课题组始终致力于发现现行教育模式的不足，不遗余力地集合院校、企业、科研院所的全部力量，全力以赴切实提升内功。针对性很强地解决了我国高等院校教学名师，这种有限的教学资源不能得到充分共享；名校、名企之间缺乏教学层面的深度合作与交流；无法打通理论知识学习与设计应用实践之间的隔膜；社会层面的实践教学资源更是被挡在院校之外而被闲置；企业对人才掌握知识结构的要求，也不能及时、清晰地反映在教学中；学生就业、企业择才也无法有针对性地、通顺地对接这些迫切亟待解决的问题。十年的辉煌成果，充分证明课题的"协同"之路的前瞻与正确。

2. "艺工协同"——牵着技术的手，走艺术的路

环境设计专业本身就是多专业、综合类的交叉学科，艺术与技术是它的两只臂膀，不应有所偏颇。对于艺术专业的院校而言，美术功底、艺术素养、对美的感悟，不能磨灭建造技术、建造材料与工艺、理性严谨思维能力，甚至日新月异的计算机辅助设计科学技术的作用。坚持自己的所长，不能有所削减；强化自己的所短，使得更加全面。

目前院校所学还是更多偏重于书本知识，仅有的实践环节少之又少，且缺乏实践性教学的规范，造成与社会的脱节，严重缺乏实战性，使毕业生走出高校象牙塔的同时，却无法从容地走入社会、适应社会。

当今的艺术设计教育已由原来的高等教育单一知识型培养转变为知识与实践并存型培养，课题项目特别聘请学者型设计师，也纳入联合教学框架，向具有研究性的高素质设计专家型平台迈进，他们的加盟与付出，极大地帮助了学子们提前了解设计实践案例，迈好走向社会的第一步。

"四校四导师"环境设计毕业设计实验教学活动始终强调"创新的价值在于实践"，注重学术性和操作性，

目的更加接近实战。其做法在行业协会、在院校中产生了强烈的反响与影响，形成成熟独立的教学理念思考与定位，奠定了课题品牌的坚实基础，通过理念、方法、眼界的突破与创新，给环境设计教育及整个行业的发展带来新的动力。

  3．"教授治学"——课题的目的与过程更加纯粹

  "创基金4×4（四校四导师）联合实验教学"课题集中了国内一流大学名校的专业学术带头人，数十位来自中国内地、香港、台湾的一流的设计名师，集结了当今环境设计行业最强大的教学阵容，而这些名师、名家毫无例外均是出于公益。课题自始至终就是公益性的，没有任何功利目的。

  课题项目的领头人王铁教授为此多年来筹措、募集资金、制定教学计划、组织教学活动的开展，付出了大量的心血和精力，保证了"四校四导师"环境设计专业实验教学活动能够有今天的成就！十年前的墨发如波现虽已华发，但仍丹心满怀，其为事业发展的奉献精神感动着参加活动的师生们，也使创办之初的活动规则和教学理念得以实现：不使用国家的任何教学经费，利用自身的休息时间，不牵连一般的行政干预，纯纯粹粹地、认认真真地做课题，感人的反哺教育之心可鉴。正是在他的带动下，课题组所有导师的公益之心、奉献之心、坚持之心，才使得本课题一步步"痛并快乐"地走下来，跨越了一个个新高度。也正是这种纯粹，使得课题开展更加的高效，成果更加的感人，在本专业打造出本学科的实验教学高峰。

三、与国际教学理念接轨，推动学术研究水平的提升

  1．走出国门，实现更广泛的无界限交流

  国际间的交流、合作的加深，国际化深度合作才能迎来多赢。高等院校设计教育是国际交流中体现文化强国，创新发展的重中之重。而目前更多地停留在表层交流，而且不能整合环境设计教育领域的整体力量，形成合力引领中国设计教育走向未来，深度融入国际。

  校校之间没有界限，校企之间没有界限，国际间没有界限的学术境界；语言不是障碍，学术思想差异不是障碍，校园硬件设施条件不是障碍，教学理念与侧重不是障碍，经费紧张不是障碍。跨专业的、跨行业的、跨国界的无界限充分多元交流得以实现，既是交流的基础也是交流的目标。"四校四导师"环境设计专业实验教学课题借助国家"一带一路"发展战略的契机，将中国的高等环境设计教育引领到国际视域，让普遍为国际接受的艺术设计教学经验与模式，与当今中国环境设计教育激情碰撞，体验差异、寻找不足，坚定地提升教学水平和国际影响。

  2．联合培养国际化环境设计人才

  随着匈牙利（国办）佩奇大学加入课题项目，每年长达一学期的合作教学中，课题带来为国际广泛认可的高等教育培养理念，也将中国当今设计教育的成果与现存问题，通过面对面的交流得到充分展现，能够目的性更加明确国际融合的未来发展之路。同时，通过课题组的考核，选拔优秀的毕业生、骨干青年教师进入国际知名大学攻读硕士学位、博士学位。这样就形成了本科联合课程指导、优秀学子留学深造、教师后备力量建设多维度的协作，形成生态的、可持续长久发展的国际化链条。

四、结语

  虽然第十届的"四校四导师"实验教学活动落下了帷幕，但我们有理由相信，通过致力于我国专业教学水平尽快提高的这批人的努力，以及对促进中国建筑及环境设计教育深化教学内容与模式的改革与创新、坚持不懈的所虑所思、所作所为的砥砺前行，必将会对中国的环境设计教育大放异彩产生其应有的影响，他们呕心沥血打造的"四校四导师"精神一定会继续发挥它所具有的感召力而继续影响着未来的接棒者去传承。

回顾·静心·思考
Review, Meditation, Thinking

天津美术学院 环境与建筑艺术学院/高颖 教授
School of environment and Architectural Arts, Tianjin Academy of Fine Arts
Prof. Gao Ying

摘要：本文主要对"四校四导师实验教学课题"开设之初的中国环境设计教育现实背景；实验教学课题十年实践的开创性历程与取得的突出成果；以及对今后的展望与期许三个方面展开，意在通过在十年实践教学取得辉煌成效，引发社会各界广泛关注的时候，回顾历史，静心思考，总结经验，以期"四校四导师实验教学课题"璀璨的未来，能够在中国艺术设计教学的不断深化改革中，发挥更大、更加积极的作用，从已取得的辉煌走向更大的辉煌！

关键词：实验教学；历史；当下；未来

Abstract: This article is mainly include three aspects: the realistic background of environmental design education in China When the subject was first opened, the pioneering course and outstanding achievements of ten years' practice of experimental teaching subjects, and prospects for the future and expectations of three aspects. It is intended to attract wide attention from all walks of life by achieving brilliant results in ten years of practical teaching. Retrospect of history, meditation, and Summing up experience. With the bright future of "four school four tutors experimental teaching topic", Able to deepen the reform of Chinese art and design teaching, play a greater and more active role, From glory to glory!

Key words: Experimental teaching; History; The moment; Future

一、引言

对于中国人而言，数字"十"总是有着比较特殊的传统意义，诸如"十全十美"、"十发十中"、"十战十胜"等，都无一例外蕴含着圆满、完美的寓意与精神寄托。"十年计划"也早已成为我们策划、完成一项大型的国计民生项目的惯例，十年是一个大的阶段，是总结以往、谋划未来的关键时间节点。

2018年的金秋，在景色宜人、环境宜居的匈牙利第三大城市佩奇市，来自国内19所院校的师生齐聚佩奇大学，共同完成了"2018创基金·四校四导师·实验教学课题"终期会审。

今年正值"四校四导师实验教学课题"举办第一个十周年之际，非常有幸地能够从首届开始，完整地参加了全部的十届课题专业教学与实践活动，有付出、有收获；有艰辛也有喜悦，一路走来，一路成长。这条路是一条创新之路，尚没有以往的前人经验可资借鉴，也没有任何成功的模式可供遵循，创新与探索注定要付出数倍的艰苦与努力，然而这对于中国的环境与建筑艺术设计教育，以及整个环境设计领域，无疑是具有重大的指导性的，且极具影响力、感召力的划时代意义。

二、2009年以前

环境艺术设计始于20世纪80年代末，当时的中央工艺美术学院室内设计系（现清华大学美术学院设计系）为仿效日本，而将院系名称由"室内设计"改成"环境艺术设计"。在当时主要是指建筑物内部的陈设、布置和装修，以塑造一个美观且适宜人居住、生活、工作的空间为目的，随着学科的发展，其概念已不能适应发展的实际需要，因为设计领域已不再局限于室内空间，而是已扩大到室外空间的整体设计、大型的单元环境设计、一个地区或城市环境的整体设计等多方面内容（源自百度文库）。

当时正处于改革开放之初，城市环境的建设、居住生活的质量提升、各种公共空间品质的改善等都迫在眉睫，环境艺术设计人才极度稀缺，全国众多院校纷纷开设环境艺术设计专业，在当时开设环境艺术设计专业的院校之广、开设的数量之多都达到非常惊人的数字。

可以说是国家建设的需要、社会发展的需求，促生了环境艺术设计的快速发展。也正是由于这种高速的发展，各院校、各地区无暇停下脚步来进行教育教学深刻的交流、研究，去发现多年来教学中逐步呈现出来的问题，去探讨环境艺术设计教学教法，去解读环境设计未来的发展趋势，从而谋求课程改革建设……

由于环境艺术设计专业开设的范围广泛，各种类型、各种层面的院校这里主要包括艺术类院校、建筑类院校、城市规划类院校、风景园林设计类院校、综合类院校的艺术学院……各院校不同的教育教学管理、学科背景等不同因素的关系，从而各院校的环境艺术教育缤彩纷呈，各有各的特色，同时也相应存在一定的局限。其中有主要以社会实际需求为导向培养的实用型、应用性环境艺术设计人才；有侧重设计成果的最终表现效果；有侧重方案设计的功能需求的理性分析；有侧重地方、地域、民俗等文化在环境艺术设计中的体现；有侧重培养艺术与技术相结合的综合能力的提升；有培养学生对社会环境问题的深度思考与问题解决；有侧重工程结构与构造的技术探究；有立足于培养环境艺术设计高端主创型设计人才的培育……

在经历了初始的扩张式的高速发展时期，各院校不断在院校内部以及地区范围内不懈进行课程的建设、教学教法的创新与突破，不同程度地形成了一些自身固有的教学教育方式，然而这些方式并没有在更大的、全国的范围展现与交流，而此时各院校已不再满足先前小范围的、内部的自我提升，而是迫切地要走出以前的圈子，在更为广阔的领域，去比较他人的教学方法，从而取长补短，谋求教学改革创新。

于是在时代车轮滚滚向前的引领下，全国范围的教学成果作品大赛、教育教学学年奖、教学年会等环境艺术设计教育领域的交流活动应运而生。可以说在当时这些国内大赛等专业学术活动项目很大程度上增进了国内各院校之间的相互了解，推动了教学向更深层的领域去思考，所以每年的学年奖等活动均引起各院校的极大重视，被视为在全国范围内展示自身教学成果与实力的重要方式。

这些专业学术活动更多的是各院校递交作品、参加评选评比、召开大会颁发获奖荣誉、专业讲座、交流座谈会等形式，也就是说更多的是教学成果的评比，树立优秀样板和榜样，大家参照学习。然而，人家为什么能优秀？教学环节都如何一步一步具体实际操作的？教师怎么辅导学生？还都看不见摸不着，也就是说交流的是最终结果，而重要的过程无法涉及得到，交流的深度、广度逐渐不能满足各院校的需求了。

三、2009～2018年

2009年由中央美术学院王铁教授、清华大学美术学院张月教授、天津美术学院彭军教授率先发起，意在打破院校壁垒，实现优质教学资源充分共享，打通学生从院校到社会的通路，使他们能更加顺利地与社会接轨。几年来，该项目规模与影响不断扩大，参加到该课题的院校已扩大至16所院校，形成4所核心院校、4所知名基础院校、4所知名支撑院校，每年吸收国内有代表性的综合类艺术设计院校，以及国际上的1所著名院校，与深圳创想公益基金会达成长期教育发展战略同盟，邀请2～4家50强设计企业共同组成导师组；邀请中科院院士、长江学者等知名学者担任学术顾问；共同指导各院校的完成毕业设计、论文写作课程。近年更是借助国家"一带一路"发展战略的契机，将中国的高等环境设计教育引领到国际视域，让普遍为国际接受的艺术设计教学经验与模式，与当今中国环境设计教育激情碰撞，体验差异、寻找不足，坚定地提升教学水平和国际影响。

"四校四导师实验教学课题"经过院校、社会各界共同的努力与付出，改变了过去单一知识灌输型培养方针，向知识与实践并存、并重的人才培养战略迈进了第一步。目的是为中国艺术设计教育培养高质量人才，为中国高等院校实验教学模式提供了有价值的可鉴成功实践案例。

1. 加强了与世界一流大学和学术机构的实质性合作

课题项目向前走的每一步，都是一种前人没有走过的先锋探索。从国内艺术院校、综合院校校际、名师之间的协同，到名校、名企之间的协同，逐步从国内走向国际。2015年匈牙利佩奇大学建筑学院加入课题组，2017年更是在佩奇大学600周年校庆之际，16所院校师生齐聚匈牙利佩奇圆满成功完成项目结题成果汇报与成果展，成为国际间协同合作教学课题实践的点睛之作，向世界展示中国环境设计教育的成果同时，实现争做国际学术前沿并行者乃至领跑者的目标。项目的实施，将国外优质教育资源有效融合到教学科研全过程，以更加开阔的国际化视野，跨国、跨界、跨校、跨专业的联合式教学方式，让中国设计艺术教育走向世界、融入国际，从而不断提升我国教育发展水平，增强国家核心竞争力，切实提高我国高等教育的国际竞争力和话语权，树立中国大学的良好品牌和形象。

2. 打造了环境设计学科高峰

"四校四导师实验教学"项目集中了国内一流大学名校的专业学术带头人；与十位来自中国内地、香港、台湾的一流设计名师共同创立的"深圳创想公益基金会"强强联合，在中国建筑装饰行业协会的牵头下，每年邀请国内本领域设计名家组成责任导师和实践导师组，这无疑是集结了当今环境设计行业最强大的教学阵容，在本专业打造出本学科的实验教学的高峰。

3. 将教学改革引向深入

课题项目的实施，敏锐地捕捉我国环境设计高等教学现存模式的症结，探索出解决问题的有效办法，将教学改革引向深入。现如今，"象牙塔"式封闭的教学模式已经不能适应建设世界一流大学和一流学科的战略，也不适应国家教育部倡导的"创新型、实战性"艺术设计人才培养的实际要求。"产、学、研"相互结合，校校、校企深度合作协同，才是高校教学深化改革的未来发展必然趋势。课题有效培养出知识与实践双型人才，打造出校企合作共赢平台，培养了更多高质量优秀人才。

图1 师生在匈牙利佩奇大学合影

图2 获奖同学在匈牙利佩奇大学合影

4. 在全国高等院校设计教育领域产生了极大的影响

"四校四导师实验教学"项目自2012年至今已成功举办10届，此项教改活动树立了高等院校设计艺术学科培养人才的实验平台新高度，为全国高等院校建筑及环境艺术设计学科领域毕业设计课程提供了教学改革、先锋探索的成功示范，将会影响到全国高等艺术设计教学改革的方向。实际教学效果得到了学生们的好评和参加院校领导、教务处、实践导师、责任导师及聘用学生企业的高度评价。

5. 得到社会各界的广泛关注和国家教育部的高度重视

此项教改活动已引起国家相关部门的高度重视，教育部网站详细介绍了"四校四导师实验教学"项目活动。得到了业内以及社会的较高评价，各大新闻媒体跟踪报道，仅中华室内设计网统计该项活动信息点击量逾几十万次。目前已经被国家教育部、财政部联合评选为"十二五高等学校本科教学质量与教学改革工程"，并被列入教育部"国家级大学生创新创业训练计划"。

6. 培养学生获得国内知名企业的广泛认可

多年来，各院校参加本实验教学活动的本科毕业生、硕士研究生除继续深造的均被国内知名企业聘用，有一批学生进入中国建筑装饰行业50强就职工作，其中许多学生已经脱颖而出，成为企业的骨干力量。为数众多的学生在每年活动启动、开题会审的时候就被参加活动的企业提前订聘。

十年的坚守，十年的努力与追求，取得了辉煌的成果，而这绝不是终点，而是下一个阶段的新起点。

四、2019年……

"四校四导师实验教学"课题，十年来走过的每一步，都力求务实创新，敏锐地发现当今环境设计高等艺术教育的问题症结所在,以深化教学改革的勇气与魄力,在获得巨大成功、引发无数业内外极度赞赏的同时,客观的面对,沉静思考梳理还存在的亟待解决的问题,甚至预判有可能出现的问题的萌芽,这更加难能可贵,必将更很好地不断探索,一路前行。

通过多年的课题开展,通过交流与激情碰撞,也呈现出某些较为突出的问题:

1. 趋同的问题

经过多年从小学到大学的应试教育方式,我们的学生都非常善于学习、乐于学习。然而古人也教导我们"学而不思则罔",我这里也想说,全盘学习接收,而不是经过"三思"后,再去决定哪些去学哪些要保留自己的特色,那些要保留的或许现在存在缺陷,但经过努力改进是可以反超越的;即使是我们要接收学习的,也要反复思考要以怎样的方式、方法去学习,只有这样才能学习得有目的,有真正的成效。

而近年的学生成果却明显出现了"同质性趋同"的现象,其中主要体现在:

(1) 设计步骤程序化、机械化:例如,课题的调研与梳理无疑是课题进行的基础,同学们现场的解读都是环境的日照、降雨量、风力等内容,而没有思考这些基本环境条件对自己的设计展开有没有用途?现状就算即使没有什么用途与帮助,也要强硬地把它"调研",因为大家都这样做,而只有这样做了,才"彰显"考察的完整。

(2) 解题的思考方式趋同:例如,对于同一设计项目肯定会从不同的角度、着眼点、侧重点去展开,一般会倾向于与自身的专业优势。也就是说不同院校的同学在解题时或着重于对艺术的深度体悟而创作出令人赞叹的形式美;或侧重于当今重要环境问题的深度思考而提出理性解决方案;或者从以人为本的角度为使用者提供更加合理舒适的功能空间;或者深度挖掘民族的、地域的优秀文化传统,通过与现代科技技术、当代材料工艺等结合,创造出传承与创新相互融合的作品……只有"百家齐放,百家争鸣"才能相互激情碰撞,从不同中体验差异,才能进一步感悟差异,才能谋求出科学正确的发展之路。

近些年,学生在设计过程中思考问题的方法逐渐趋同,例如对建筑形体的推敲绝大多数都是从一个或几个简单的立方体出发,通过所谓的消减、增添、旋转、扭曲、拉升、抽离等手法,最终形成建筑的设计体形。要知道这仅仅是建筑形态问题思考的一种方法而已,而如此多的同学,如此近似的思路,在惊讶同学们超强学习能力的同时,也为他们不懂得坚守,缺乏坚持的深入思考,太容易被他人的"优秀"所左右而感到担忧。一个模子、一种模式,不是我们的追求。

2. 薪火传承的问题

人才的后备梯队预先性建设,是持续、健康、稳定发展的坚实保证,尤其是对于专业性很强的课题研究项目。庆幸的是"四校四导师实验课题"从2009年第一届伊始,就将人才储备与建设放在重要位置,责任导师与指导教师相结合,名师教授带领青年教师共同参与,不仅从自己院校的老教授中吸取经验,更从国内院校专业领军的带头人们身上取经,能力的提升、眼界的开阔等都收获颇多,为各院校青年教师的专业拓展和人才培养起到至关重要的作用。

然而随着时间的推移,青年教师退无可避地要接过接力棒,经过多年的学习与进步要逐渐承担更为重要的责任,做出更大的贡献。然而无论是从专业能力、社会影响力、感召力等许多方面都或多或少地存在相当的差距,今后的课题开展要把"传承"作为重要考虑与行动的重要内容,而且迫在眉睫。

3. 项目课题选择的问题

近年课题项目选题几乎是16所院校共同完成一个相同的选题,这样能够使得大家共同研究一个题目,在同一问题上去体现不同的解题思路,同时也一定程度保证评奖的公平性。

统一选题在上述正面作用的同时,全部同学同一个课题也带来较强的单调感,同时失去自由选题给参加者去做适合自身专业背景的设计与研究的激情,失去更能充分展现自己特色与实力的机会,也从一定程度上导致解题趋同的趋势。

4. 实践性有所淡化的问题

毫无疑问,"名师、名企、名家"是驱动"四校四导师实验课题项目"这辆教学深化改革先锋探索的列车不断攻关克难、砥砺前行的重要核心动力,是培养环境设计这个实践性非常突出的优秀设计创新实战人才必须坚守的发展方向。以实际工程项目为课题,以实践导师、责任导师共同从院校与社会实际相结合、相互补,无疑给课题项目、参加课题的学生都带来了传统课堂所没有的感受,有利于学生提前接受实战、适应未来真实的设计生活,实现院校与用人企业的无缝对接等诸多方面,为本领域的教学改革、课程建设的深化均起到示范作用,被教育部、行业协会、社会各界广泛认可、赞誉。

近年，课题项目有些转向研究型为主的方向，而实际设计成果没有得到进一步的发展，这里有实践导师逐渐减少，实践性的指导力量有所减弱的情况；有课题项目谋求研究型成果的突破的实际情况；也有学生成员组成向硕士研究生倾斜等诸多方面的综合因素共同形成。下一步是继续强调学术的研究理论达到的高度，抑或加强实战性的实践设计，还是理论与设计实践并重，还值得进行深入的研究与策划。

5. 专业交流覆盖面的问题

"四校四导师实验课题"自2009年第一届始，由三所美术院校（中央美术学院、清华大学美术学院、天津美术学院），外加一所综合院校的艺术设计专业构成，直至规模扩至19所院校，涵盖了传统美术院校，综合院校的艺术设计学院，农、林业院校等，专业也包括了环境设计专业、建筑设计专业、园林设计专业、景观设计专业、室内设计专业等。可见随着不同专业方向的逐渐增加，课题交流得更加广泛与深入。

沿着这个思路思考下去，是否有更多的专业加入进来，以便我们可以更好地深入探讨环境与建筑设计专业教学的未来之路？而环境与建筑设计专业本身就是综合性、交叉性的学科，社会学、经济学、人文学、历史学、文学等都有所涉猎，将更多专业吸纳进来可以从更加广阔的视域来审视，吸取更多相关专业的"长"。以上谈到的一些问题纯粹是个人的思考与观点，在此愿意抛砖引玉。而今的"四校四导师实验课题"已经不是十年前的从无到有，已经积淀了十年的经验，积聚了国内外众多的力量，成为环境与建筑高等教育的重要风向标和引路者，未来的走向和举措至关重要。

回顾是为了展望，总结历史是为了更好地开创未来！我们不难发现艺术设计教育不断向前发展的过程同时，也是高等艺术教学从封闭走向开放的过程；是从成果性交流向过程细节交流深层次转变的过程；是从院校之间的交流向社会各界多领域广泛交流转变的过程；是单一化院校教育向院校为主导的多方力量共同努力的多元化教育转变的过程；是从地区区域交流向国内乃至国际更大范围交流不断扩展的过程。"四校四导师实验教学课题"的未来必将是相对独立、相互碰撞、相互交融，共同交织演绎谱写"一带一路"主旋律背景下，高速信息化社会文化强国、教育强国、创新强国的崭新篇章。

五、结语

一个好的开头是整体事件科学健康发展走向的基调和关键所在，一个好的开头意味着几乎成功了一半，"四校四导师实验教学课题"的第一个十年，开创了我国环境设计教育，顺应国家"一带一路"大政方针、校企协同、校校协作，集合多方力量形成合力，充分实现我国有限优质教学资源的充分利用，共同培养实战型、综合性艺术设计人才的创新模式。十年的实践，为今后实验教学的进一步深入奠定了坚实的基础，教授治学、优质稀缺名师资源充分共享、企业与院校紧密协作、走出国门拥抱世界主流教育思想、深化拓展国际化教学模式、开创本硕博多层次国际教育交流平台……这些曾经的梦想都在这十年的"四校四导师实验教学课题"实践中一一成为现实。

"十年树木，百年树人"，对于培养创新型的艺术设计人才的教育教学而言，对于让我们的环境设计教育与实践，昂首走向世界主流舞台，真真正正地在国际上有更多的话语来说，十年仅仅是一个开头，今后还有更多的难题需要攻坚，还有更新的局面和领域要去开拓，坚持不懈，继续弘扬"四校四导师"的奉献精神，开拓担当的勇气，持续坚持顶尖的教学团队建设，以及实践教学培养实战高素质专业人才的方针，才能让世界更广阔的范围都倾听到我们环境设计教育发展的声音。

河北承德市兴隆县郭家庄实地设计教学的启示
The Inspiration of Field Design Teaching in Guogjiazhuang, Xinglong County, Chengde City, Hebei Province

山东师范大学/刘云 副教授
Shandong Normal University
A./Prof. Liu Yun

摘要：中外19所大学的研究生导师和同学们，在郭家庄的村域范围内，以郭家庄的未来发展为题，从宏观入手，最终体现于不同角度、不同层次聚焦的设计成果。运用科学的方法，提出问题并解决问题。郭家庄具有文化特色小镇的建设趋向，承载着光辉的使命，如何遵循特色小镇的发展规律，从不同的角度回答好这个课题答卷。此次的国际联合课题过程中，课题组成员们在第十年的课题实践中竭尽所能多维度、多角度地诠释着各自的见解，取长补短，互相促进。在关于郭家庄小镇的综合性课题中，对于法规与产业、生态与自然、生活与人文等方面进行着真实的实践和理论的深入研究，探寻属于它的时代契机。

关键词：特色小镇；全局观；系统化；产业；契机

Abstract: Graduate supervisors and students from 20 universities across the country, taking the future development of Guo Jia village as the subject, start from a macro perspective and finally reflect the focused design results from different perspectives and levels. Use scientific methods to raise and solve problems. As a small town with cultural characteristics in the future, Guo Jia village bears a glorious mission. How to follow the development law of small town with characteristics and answer this question from different perspectives? In the course of this international joint project, the members of the research group tried their best to interpret their respective views in multi-dimension and multi-angle in the project practice of the 10th year. Learn from each other and promote each other. In the comprehensive subject about the small town of Guo Jia village, real practice and theoretical in-depth research on laws and regulations and industries, ecology and nature, life and humanity, etc., is made to explore the opportunity of its time.

Key words: The characteristic town; Overall view; Systematized; Industry; Opportunity

引言

郭家庄村在现代城市化进程中，经历过急功近利的新农村规划，也有过盲目建造的阶段，无论是政府主导的美化工程还是村民的乱搭乱建，都让这里一度出现进退两难的尴尬现象。乡村的实践研究是一个全局观的设计课题，"郭家庄村如何建设成为美丽乡村"，如何遵循特色小镇的发展规律营造未来具有文化特色的村镇，不但要有价值观的转变，还要有科学的方法。课题组员们经过详实的调研，从郭家庄村的基础现状和历史人文入手，以不同的视角、多样的手法，在第十年的课题实践中，竭尽所能地诠释着自己的见解，构建着未来郭家庄村的发展路径。

一、着眼宏观发展，设计要有全局观

2016年7月，国家发改委发布了关于开展特色小镇培育工作的通知，计划到2020年培育千个特色小镇。之后，全国迅速掀起了建设特色小镇的热潮，特色小镇的评判标准不断更新，政策资金渠道申报更加踊跃。自从2017年9月第一批127个小镇名单出台后，最近又发布了276个第二批小镇名单，新兴的特色小镇包括文化小镇、教育小镇、名人小镇、总部小镇和创意小镇等类型。这些小镇，有的是在自然而然的生产过程中产生的，尤其是很多古镇，具有文化资源、景观资源、生活资源等，它们凭借自身优势，自然而然地形成了旅游小镇，但更多的还是依据政策导向和创意策划形成的。这些都需要开拓新的领域，探索新型模式，不断改善环境，提高文化价值，提升居民的生活品质。另外，还需要人们尤其是当地人文化意识和文化素质的提高，这个的起点是以"生灵为本"（"以人为本"思想基础上的尊重自然界所有生灵），以文化为本。

目前，虽然发展特色小镇如火如荼地开展着，但其仍普遍存在理论不足、解读不清的问题。这如何给乡村建设带来新思路、新思想？在梳理中外文献案例的综述中找到现象背后的本质因素，发现科学的规律，是学生们首要解决的问题。特色小镇不同于行政建制镇和产业园区的创新创业平台，它必须有一定的人口基础、产业结构、城市建设配套和生活配套，还要有与居住者相适应的文化环境、氛围，能为游客提供游玩、度假等体验。所以，郭家庄村是一个融"生产"、"生态"、"生活"为一体的区域，在课题进行的过程中，指导学生在研究过程中如何把握各个关键的环节，有意识地训练科学研究和发现的能力。如何认识和界定开发特色小镇，积极促进小镇业态的建构与发展，明确特色小镇开发的意义十分重要。在学生做研究综述的时候，资料研究要求更广博，对于小镇的总体定位要有全局观。要从更宏观的层面，尤其是在国家政策层面关注小镇的设计，而不是过早地进入局部。在此基础上提出更有价值的问题、之后的分析问题、解决问题才更有意义。

图1 布达佩斯城市大学合影

图2 师生在佩奇大学观看展览

二、关注村域设计的原动力

小城镇最常遇到的发展问题，就是如何提升村镇对外界的吸引力。国家两批特色300多个特色小镇超过50%都是旅游小镇。旅游产业带动村镇居民发家致富，在一定程度上有利于缩小城镇城乡差距，提供更多的就业机会，提升居民的创业机率。有利于减轻就业压力；打造独具特色的产业可以推动小城镇的经济发展和产业转型升级，增强居民收入，提高居民生活水平，进而有利于提高居民生活幸福指数；有利于新农村建设，推动新型城镇化，促进城镇建设迈向更高的层面；同时，也有利于增强村庄的基础设施建设，为居民生活提供更好的服务和便利；更有利于村镇的形象建设，提高居民素质；某种意义上减少人口流失，在一定程度上帮助解决农村空巢化现象。特色小城镇的建设还可以发挥辐射作用，带动周边城镇的经济发展，以协调大中小城市和城镇及农村的差距。从这个意义上来说，如何让村镇变得更具有特色发展所产生的社会和经济效益，就是设计首要考虑的问题。作为环艺专业的学生，往往喜欢先入为主，在缺少综合分析和定位的时候，在没有充分地考虑各种因素条件的前提下，直接进入所谓的"设计阶段"，使得设计与"环境"完全脱节，就会造成格格不入的"置入化"设计。更多地将目光关注在设计形态上，实际上这种设计是缺少依据的，为了避免这种现象的出现，就需要设计者花工夫进行踏踏实实的前期研究。这个环节是整个设计过程当中最关键的一个环节。因为一个地区的产业经济运行规律，决定了这个地方的未来走向，也决定着设计属性和设计形态。比如改变乡村经济与城市差异化，将旅游特色小镇建设在城乡结合部有利于缩小城乡发展差距，城市资源能很好地为小镇的发展服务，推动乡村等地的产业转型和升级以及旅游业的发展。城市为旅游特色小镇的发展提供一些资源和优势，小镇为城市提供休闲和度假等功能，这样可以在一定程度上做到城市与小镇的优势互补。

设计要满足实际运营建设的需要，考虑整个片区开发运营的发展思路，投资和收益，兼具创意性、实用性、文化性、美观性、前瞻性、功能性、创造性和可持续性。本着宜居宜业的设计原则。将宜旅设计模式作为对宜居宜业的巨大支撑，实现消费搬运，形成消费聚集发展内核。

三、严格按照真实条件做设计

真实的课题设计应遵循合理科学的规划设计原则，不是随意而为。首先，应对课题的用地、环境、建筑风格等客观因素进行统筹分析，郭家庄村的课题是真实的案例，真实的课题最首要的是设计的真实性。在学生做设计的过程当中，对郭庄村现实的真实条件进行深入的研究之后，从历史老建筑的保护设计，延伸到周边民居建筑的改造设计。都要求尊重原生态的建筑肌理，利用真实的地形地貌，因时就势，在这样的一个过程中坚守真实的严谨性，这是一种挑战，也是一个学习磨炼的过程，环境设计的学生建筑基础相对比较薄弱，做真实的建筑设计，实际上难度非常大。在这种真实的创作当中去提升自己，这在综合性大学的环境设计课程里是根本没有经历过的。由于在平时的课题训练时，很多老师采取的都是假性的设计条件，往往给得比较简单，要求也并不是很严格。在这样的学习体验当中，学生会碰到的一些从来没有碰到过的问题，在试图去研究这些问题、解决这些问题的时候，学生的收获是非常大的，体验更多、更深刻。

四、循序渐进的自我追问方法

当我们面对这个乡村小镇课题的时候，本身就具有相当的复杂性，它要综合考虑很多因素，尤其是体现这样一个真实的村域全范围的基础上做真实的设计过程。红线的范围要自我给出，设计的问题要自己设定，分析过程要有相应的合理性，从宏观走向细节，环环相扣，并自圆其说。这样就要求学生，不断的追问和探究相对合理的前提下，展现自我对设计的理解和诠释。在综合考虑各种因素的同时，就要不断地去追问、去深入，符合自己的设计逻辑。如果这个逻辑失去了它的真实性和科学性，设计也就失去了它的应有价值。所以在这样的课题的训练当中不自觉地就会培养学生不断地去追问设计逻辑的链条，是一个不断地去自我锤炼的一个过程。无形中培养学生思考和研究能力不断得到提升，帮助学生形成相对客观的、系统的、严密的设计方法和思维模式。就如我指导学生的民宿主题的设计过程，尤其是设计方案要求统筹考虑民宿与周边现有地形、建筑、景观等的关系，在考虑民居群体关系的前提下进行设计，重点考虑从单体生长为群体的可能性以及和传统建筑遗存相和谐的尺度关系，体现建筑与环境相协调、地域特点与文化特色相统一等，还要考虑到设计方案如何注重挖掘当地人文历史资源，尊重当地原有居民的生活习惯，展现本地特色，满足城乡经济发展的要求，功能合理，绿色环保，展现生态宜居的乡村风貌等。各种逻辑链条交织在一起，不断追问和一层层深入解读。这种复杂性的前提反而调动和激发学生的学习兴趣，从而在追问中实现着自我否定及肯定的成长和升华。

五、务"虚"就是务"实"

多次国内外集体汇报的总体过程，就是一个从"务虚"到务实的过程。这里的"务虚"普遍在前期的分析阶段，资料的收集和分析的比重比较大，这些展示及分析部分从表面上看它是一个务"虚"的过程，但实际上这种务"虚"包含着实实在在的功课过程。换言之，我们的设计要想体现新时代乡村发展建设的美好愿景，重点强调理论实践相结合，核心是围绕创新开放、绿色共享的理念，就要靠貌似看不出很多刚性成果的大量务虚的工作：从旅游特色城镇到新农村，从城镇乡村规划到空间设计；包括交通线、生活圈、绿化带、商业街、建筑风格、基础设施、商业、医疗、教育等。尤其是挖掘特色文化，营造良好的生活环境和生活氛围。不仅考虑到城镇化建设的法律法规，还要顾及历史文脉和传统风俗等的人文记忆，才能做到增强文化自觉，强化凝聚力，彰显文化特色，提升文化软实力，不断面向未来，形成特色村镇强有力的精神支撑力。这些都是要求在务"虚"阶段研究的，这个过程不但培养学生积极贮备和聚焦有效信息的能力，而且也是一种高效的思维方式的培养和训练，它是实体性的设计成果出现的前提和基础。这次大部分的课题表现中，我们这一点表现比较突出。这是一个很好的迹象，也是这次课题科学性、专业性、体系化的一个侧面体现。当我们的设计是建立在这个坚实的体系化基础的时候，整个设计逻辑的严密性就有了相对较高的可信度。

六、最大限度实现学科交叉效应

复杂的地理环境为人们提供了物质生活的基础。地球的广阔决定了环境广泛的概念。从这个功能性的角度来讲的，环境空间对于人来说有什么实用的多层次空间，可以根据生活中的大小环境而划分，大环境之下有小环境，层层递进、细化。环境给予人的感受，远不是某一方面的完成所能够达到的，环境科学涉及多门学科知识，纯粹的对环境的设计远不能满足人对环境的需求，并且复杂的环境决定了环境设计的综合性。此次的课题更是体现多学科交叉的特性。它极其丰富，包括规划、建筑、风景园林等多个学科，那么这种依托于多重学科发展的专业，也在自身完善中模糊专业之间的界限。为了更加明晰环境设计的这种特点并能得以更好的发展，在交叉特性的基础之上实现创新化，这就是我们这次实践课题要实现的一个比较综合的效应。这种创新化的艺术视角，在环境艺术的设计理论基础之上，相互补充，共同创新。创新化的环境设计就是体现相互交叉的独特性，它在某种程度上屏蔽了多学科交叉时候带来的弊端，留下的是一个更具有综合意义的内容，这就是环境设计这个多学科交叉专业的一个具体的课题体现。

七、结语

和往届相比，第十载课题的要求，更大限度地体现了环境艺术专业的系统化和创新性，不仅需要建筑学、城市规划、景观设计等多学科专业知识综合运用，而且还要涉猎社会、经济、文化等多层次思考才能完成。这种发现和体验的设计以及展示表达过程，让学生多了一次极大提升自己的契机。优秀的第十届作品，也许会给郭家庄村的发展建设带来闪光的灵动思考和契机。

参考文献

[1] 叶云. 关于中国环境艺术教育方向及模式的探讨[A]. 高等党校艺术教育理论研究与实践[C]. 湖北省美育研究会，2002：4.
[2] 梁立民. 环境艺术设计教学的发展与思考[J]. 教育与职业，2006(14)：147-148.
[3] 王刚. 环境艺术设计教学改革探析[J]. 现代经济信息，2017(24)：453.
[4] 姜林燕. 旅游特色小镇何去何从[J]. 中国品牌，2018(07)：62-64.
[5] 马红丽. 如何做好特色小城镇[J]. 中国信息界，2017(04)：20-21.

卓越人才培养路径的回顾与再思考
Review and Re-Thinking of the Cultivation Path of Excellent Talents

山东师范大学/段邦毅 教授
Shandong Normal University
Prof. Duan Bangyi

摘要：创建了十年的"四校四导师"毕业设计实验教学活动，其教学成果每年都硕果累累，但课题组没有停留在每年4个月的实践教学中，而是站在世界高等教育卓越层面拓展视野，与国际同专业优秀院校建立人才培养的绿色通道，让各校精选出的学子们在实验教学结项时再一次遴选出优秀学生到国际合作名校，读硕士、博士学位。这是确保卓越人才成长的科学之路，更是一个开创式培养卓越人才的成功模式，从理论层面上说，这一模式与人类生物进化论的科学学说是相契合的。

关键词：卓越人才培养；成功模式；生物进化论

Abstract: The "4-4 workshop" graduation design experiment teaching activities have been created for ten years. The teaching results are fruitful every year, but the research team has not stayed in the four-month practical teaching, but stood in the world's excellent education level to expand the horizon of education, and to create ties with international and professional colleges and universities, so that the selected students of each school will once again be selected, the most outstanding students will participate the international cooperation elite schools for master's and doctoral degrees. This is the method to ensure the growth of outstanding talents. It is also a successful model for pioneering the cultivation of them. From a theoretical perspective, this model is compatible with the scientific theory of human biological evolution.

Key words: Excellent talent cultivation; Successful model; Biological evolution

一、关于卓越人才成长机制的原理思考

1. 由生物进化论到人才培养的猜想

生物学家达尔文在1859年出版的《物种起源》一书中系统阐述了他的进化论学说，在当时科学界尚不清晰的境遇中，把他的《物种起源》一书，称作是"一部长篇争辩"。其中他论证了两个问题：

第一，"物种是可变的，生物是进化的"。达尔文的进化论从此取代了当时盛行的"神创论"，并成为研究生物学界的理论基石。

第二，达尔文论证了"自然选择是生物进化的动力"。生物一度都存在着繁殖过剩的倾向，而自然界的生存空间和食物是有限的，因之生物必须"为生存而斗争"。其结果是在同一生物种群中的个体，存在着变异，那些具有能适应环境的有利变异的个体将存活下来，并繁殖后代，不具有有利变异的个体就被自然淘汰。那些具有有利变异的个体在自然条件下均是有方向的，均在历史过程中，经过长期的自然选择，由微小的变异从而得到积累走向亚种和新种的形成。

达尔文这一生物进化论断在当时科学界是里程碑式的理论突破，一百多年来，不仅对生物界研究具有重大意义，对其他领域的研究也有一定的理论指导意义。链接4×4实验实践课题教学，从其活动初心到历经十年坚持，取得了历史性卓越人才培养的科学路径和成果，与达尔文进化学说中，经过变异从而形成亚种和新种的形成理论是相吻合的。

2. 在国家各个领域急需人才快跑下的历史担当

由于历史的种种原因，中国在经过20世纪70年代末开始的拨乱反正，改革开放，一下子在各个领域迅猛发

展,势不可挡。但其中人才,尤其是高等教育中的高端人才匮乏,远远不能满足快速发展的国家建设需求,在空间设计和空间教育领域更是需要有高精专能力的教育家、设计家解决中国的实际问题,但由于历史的原因,国内对高端人才的需求量,是一筹莫展的。

以海外学成归来时任中央美术学院建筑学院副院长王铁教授、清华大学美术学院环境设计系主任张月教授、天津美术学院时任设计学院副院长的彭军教授,三位精英教授在面对当时高校教育的许多问题下,经过反复思考,终于在2009年,厚积薄发,"揭竿而起",毅然打破办学壁垒,成立"四校四导师"实验教学课题组,推出"教授治学"的理念和方法,创建名校、名企名导、青年教师共同指导的三位一体导师团队,以所在学校本科毕业设计实践教学课题为切入,让各校参加课题的学生以实际项目共同选题,紧密与社会实践相结合,多维、多层次培养学术型、研究型和实践专业型的复合型人才。三位教授这一壮举与达尔文进化论中的"生物是进化的,物种是可变的"原理以及面对茫茫众生的时代发展和时代竞争,如同达尔文生物进化论学说中的要"为生存而斗争"——三位精英教授则要为更快培养出卓越人才而奋斗,要从有利变异的可能性条件切入、从微小的变异得到积累,从而形成新的先进的路径和方法,即成就卓越人才培养的快速路径和先进模式。

图1 四校课题组教授合影

二、4×4实验教学是卓越人才全方位成长的摇篮

1. 课题组的理念倡导和原则坚持

由王铁教授领衔,以张月教授、彭军教授为核心的课题组,以实验教学研究课题为切入口,探讨培养高质量设计人才。然而每年度四个月的课题在进行过程中,各校师生综合素质总是参差不齐,实际问题多多。首先是在教育部统管体系中的院校背景不同带来的教师综合素质不同和生源不同的巨大差别,学生方面尤其是受不正常误导,经"艺考大军"群体,进入各高校后的学生普遍知识结构单一,甚而残缺,从而形成知识能力的单科化,诸如在具体空间设计作业中艺术院校学生普遍对建造技术和结构原理的"先天不足",对课题任务书和空间设计中诸多要素解读分析零散、肤浅,还导致不严格按课题规则自由发挥,以致设计总图关系混乱,效果图表现亦过分注重表面,如同在高考美术班凭感觉绘画。理科院校的学生则对设计创意及形式语言表达方面薄弱,对空间形态、色彩、肌理等要素分析不足等短板甚多。课题组面对诸多实际问题,在每个阶段的中期汇报中因材施教,一方面反复强调艺术院校的师生要注重工学知识和结构学原理的学习,强化建构意识。另一方面针对理科院校的学生强调综合素质,对空间艺术形象的表现要加强形式语言的追求。

课题组还特别注重团队教师们在学科建设下的综合能力的提升，鞭策每一位指导教师要"打铁还须自身硬"。指出中国高等院校教学质量普遍不高，教师是主因，也是当今提高教育质量的重中之重，存在的突出问题之一首先当是专业教师不够专业，在4×4实验课题教学中具体表现在对立体教学架构体系的构建，教师综合素质出现短板，必然出现对学生深入辅导过程不力，各个知识结构分析推导研究不深。究其社会原因也是这个学科在中国真正意义上的发展才二十几年的时间，各个学校教师资源不足又被动快速发展。另外，教育部部属院校和地方院校在同样的专业建设上，因其各自的独立性和地域等因素形成了各自的壁垒屏障。综上简述，在4×4实验课题教学研究中教师和学生总体素质情况是喜忧参半。

2. 资源共享、优势互补

作为参加4×4实验教学研究课题的每届师生，均是在课题组"资源共享、优势互补"的学术氛围中成长的，全体师生在三位教授缔造的这个幸福实验教学群体中都是怀着强烈的时代责任感和使命感你追我赶着。另外，各种因素的参差不齐和存在的各种短板恰恰又使师生们相互碰撞、踊跃交流，而成为全方位补强的利器和动力源。

央美、清华美院、天津美院等精英院校的同学思维敏捷、思路开阔，通过责任导师、指导老师和优秀企业实践导师的启发式、多元化及严谨的过程化调研分析论证，空间创意出奇制胜，作业思维缜密、条理清晰，展现了当代高理性思维和高感性创意的高度融合。存在问题多一些的地方院校同学也不甘落后，尽管在基础等综合能力上薄弱，毅然痛定思痛，凭着一股坚强的韧性和钻研精神，细心体悟导师们在每一次作业汇报中提出的每一条建议和教导，认真学习优秀同学们中的每一个好的做法和案例，经过四个月完整的毕业设计过程后，设计思维和设计表现均获得了在自己学校得不到的提升高度和进步。

4×4实验教学研究课题组最有当代改革创新效益的还应是带出了一支向卓越人才培养研究的教师团队，责任导师、指导教师、企业精英实践导师们精诚国家新时期高校教育事业，全身心忧虑着、责任着、使命着，他们站在国际和国家卓越人才培养的层面，深深思考着。课题组殷切期待每位责任导师、指导教师在课题全过程的每一个环节中要进行全方位交流，能充分认识自我，切实做到资源整合、优势互补的效益最大化。课题组核心层全方位拉动当代高校教育教学中的学科带头人机制，甚而呐喊着要求每位教师要达到专业学科教育教学的规范，从而名副其实地成为中国高校间真正意义上的空间环境设计学科带头人。

十年来，这群探索中国高校教育的学科带头人团队在王铁组长的统帅下，三位精英教授的带领下，凤凰涅槃，浴火重生，经过整整十年打造，现已形成了研究卓越人才培养的结构框架和教学生态系统，走出了一条符合中国国情的高等教育专业发展之路。

图2 学生与潘召南教授合影

图3 师生在佩奇大学观展

三、走向"一路一带"构建卓越人才集成的可持续性

1. 走出"门里"迈向"门外"

4×4实验教学和实践探讨的主要理论价值之一是强调在不同国家的高校，不同地域间和不同教育背景下的教师组成研究团队，打破国内以至国际间的壁垒，开创设计全学科卓越人才培养的路径。值得铭记的2015年3月，

课题领衔人王铁教授通过他多年卓越的研究业绩和人格魅力，先行与欧洲有着650年历史的老牌名校，匈牙利（国立）佩奇大学工程与信息技术学院签约了五年合作教学协议。即以4×4实验教学课题组共同研究课题为出口，把经过筛选参加课题的优秀教师、获奖学生送往佩奇大学攻读博士、硕士学位，其中还协定了在课题研究中取得优秀成果的部分学生全额免费入学。这一机制是4×4实验教学课题组，在卓越人才培养路径方面有着里程碑式的深远意义。

2. 未来领跑创新和拉开智慧设计大门的是科技

这里有着重大意义的是，课题组之选定佩奇大学，进行卓越人才可持续性培养的合作基地，不只是该校在欧洲久负盛名、历史悠久。该校在世界范围内是最活跃的科技高等教育机构，工程与信息技术学院以其教学科研业绩成为匈牙利最具影响力的教育和研究中心，是匈牙利国家科技领域的技术堡垒。

4×4实验教学课题组清晰地看到：未来领跑和拉开智慧通道大门的是科技，今后设计教育和实践智能科技是主导。因为现代文明从工业革命开启，经过科学普及阶段过渡到今天的智能科技，将催生新文化与新艺术的时代创新，智能科技主导下的艺术与空间设计必将是今后创作设计的趋势，在高等教育实验教学中融入智能科技意识，是当下教学实践中举足轻重的核心价值。具体在4×4实验教学中，深刻了解智能科技下的空间规划设计、建筑设计、景观设计是教学急需。从知识结构体系、多种角度出发重新建构环境设计教学大纲，建立当代高质量教学体系是首要。将今天大数据智能科技下的空间设计教育实践，奠定在可能的同智同原基础中。宏观看，今后的设计流程已不再是传统意义上的设计师画出图形，构造技术方面按部就班被动跟进的工作方法。时代迅速发展证明，创造设计具有高度科技审美，新价值的智能设计作品是4×4实验教学责任导师、指导教师行进在路上的当务之急和不懈追求。与佩奇大学工程与信息技术学院几年的课题研究，证明了这一合作的正确性：如4×4实验教学课题每届实践选题均是在国家最高行业协会中装协的具体策划下，紧贴国家建设发展趋势需要而选题的，最近几届课题是围绕国家乡村振兴建设，提升农村村貌升级改造和乡村产业旅游及历史建筑改造实践课题。令人振奋地是佩奇大学工程与信息技术学院早已对智慧乡村建设和建筑节能设计、历史建筑保护等相关领域进行了长期的研究和实践，并获得了成功的业绩和研究成果，在4×4实验教学中，中匈两国师生共同研讨，共同寻求当代最科学的解决方式和办法，进而实现了相互借鉴和成果共享。

针对我们国内当下在学科建设和教学上的很多短板，在与佩奇大学的合作中均能进行补强。如在学科界定上佩奇大学的教育并不强调自身是工科或是文科的属性，在专业设计课之外，还广泛开设与专业相关的美学教育、语言教育、工程技术教育和实践教育课，在这种课程体系下培养教育出来的学生能顺利融入社会实际工作实践中。杜绝了学生作业只注重概念表达及制图不规范的尴尬局面。在实际教学过程中，注重学生空间表达能力的培养，注重师生之间的互动，教师在与学生互动中提出的问题是针锋相对、直中要害的。面对老师提出的问题，学生必须在几分钟内做出合理的科学阐述并得到教师的认可，这最大化地锻炼了学生的临场思辨能力和问题判断能力。

佩奇大学另一长项是注重师生实践环节教学，并实现真正意义上的产、学、研融合相互推进，学院主动开展对国家主要项目的承接，师生共同参与，多年的项目完成经验为学院培养了一批又一批既具学术学科素养又能解决实际问题的中青年教师和在读博士生。

佩奇大学作为欧盟高等教育领域重要合作性的学生交流项目rasmus的成员之一，与欧洲及其他诸多名校开展良好合作办学关系，这种开放式办学理念和积极的学科建设意愿促成了合作院校间良好的资源共享关系，也为4×4实验教学推出的卓越人才培养，提供了无限潜在的优质资源。

四、结语

人才的培养是一项艰难的长期任务，卓越层面的人才更需要投入大量人力、物力和耐力。令人可喜和振奋的是：仅二三年时间4×4实验教学课题组通过课题研究已向佩奇大学推荐了14名硕士研究生、17名博士研究生。随着实验教学活动的不断发展和佩奇大学优质教学的影响，将有更多的受益者到合作名校深造，确保4×4实验教学卓越人才培养的可持续性和人才的卓越性。

十年砥砺 教学相长
Ten Years of Encouragement, Teaching and Learning

山东建筑大学/陈华新 教授
Shandong Jianzhu University
Prof. Chen Huaxin

摘要："四校四导师"课题组已是第十个春秋，十年的实践教学历程，使无数的学生在这个优质的设计教育平台上得到了成长，教师们十年的努力，换来的是学生实现梦想的喜悦。十年里为学生的就业和学业的继续深造创造了良好条件。实践教学的过程对教师来说也是一个对设计教育总结和反思的过程，一个针对课题深入调研的过程。面对今年的课题，河北省兴隆县南天门乡郭家庄村特色小镇的建设项目，对国内外城镇化进程中的特色小镇建设情况及案例做了充分调研，为课题开展奠定了基础。"四校四导师"实践教学项目是一个教与学共同探讨研究的过程，大家不辞辛苦，教学相长。

关键词：实践教学；特色小镇；设计教育

Abstract: The research group of "Four Schools and Four Mentors" has been the tenth Spring and Autumn Period. The ten-year practical teaching process has made countless students grow up on this high-quality design education platform. Teachers'ten-year efforts have given students the joy of realizing their dreams. In the past ten years, we have created favorable conditions for the further study and employment of students. In the process of practical teaching, teachers are also a process of summing up and reflecting on design education, but also a process of in-depth research on the subject. Faced with this year's project, the construction project of Guojiazhuang Town in Nantianmen Township of xinglong County, Hebei Province, has made a full investigation on the construction situation and cases of the characteristic towns in the process of urbanization at home and abroad, and laid a foundation for the project. The "Four Schools and Four Mentors" practical teaching project is a process in which teaching and learning discuss and study together. Everyone spares no pains and teaching is good for each other.

Key words: Practice teaching; Characteristic town; Design education

一、实践教学硕果累累

1. 十年耕耘与收获

"四校四导师"实践教学课题组，今年已是第十个春秋。十年里，王铁教授、张月教授和彭军教授为课题组不辞辛苦、坚持不懈地带领这个团队，在设计教育的改革之路上不断探索、孜孜以求，他们的付出成就了课题组十年的辉煌，他们的奉献令师生感动。十年里，"四校四导师"实践教学课题组创新了我国实践教学的模式；开启了实践教学的新篇章；推动了我国环境设计教育的科学发展。这个平台既培养了学生，又历练了教师。每年选定的课题，一方面作为学生的课题任务，另一方面也是教师教学研究的专题。教与学的过程，是探索的过程，是共同提高的过程，也是收获的过程。十年里，收获的是学生的成长成才；收获的是学生实现梦想的喜悦；收获的是实现学生去名企就业，去名校读硕、读博士的梦想；收获的是教师教学经验的积累和教学成果的取得。十年里，呈现的是学生收获知识的笑脸，教师甘愿付出的欣慰。课题组由4所院校发展为19所院校，学生组成由本科生拓展到研究生；由国内高校间的交流，拓展为一个国际交流的教学研究平台。十年里，教学模式不断改革创新，教学平台不断优化，教学相长，笃定前行。

图1　陈华新教授在研究生刘博韬作品前

2．今年课题概况

今年"四校四导师"实践教学课题，是以河北省兴隆县南天门乡郭家庄村特色小镇建设展开的，课题组学生以建筑和景观设计实题进行有针对性的设计研究。本次特色小镇的建设任务，也是响应国家发展战略的一次重要实践。课题组师生今年两次来到郭家庄做实地考察、调研，并在这里举行了课题的开题仪式和中期检查。课题的最终结题答辩是在匈牙利的佩奇大学举行，并在该校和布达佩斯城市大学举行了师生作品展览。

二、课题相关内容研究

围绕今年课题，人居环境与乡村建筑设计研究——南天门乡郭家庄村特色小镇设计，对国内外城镇化进程中的特色小镇建设，进行了相关的调研分析。

1．我国城镇化进程中特色小镇建设

城镇化是人类社会进化的一种形式和结果。由于文化和社会背景的不同，不同国家和地区的城镇化特色也大不相同。中华人民共和国成立以来，我国城镇化进程在不断加快，大体经历了三个主要阶段。

第一，缓慢起步阶段，新中国成立到改革开放前（1949～1978年）。在中华人民共和国成立初期，我国城镇化水平仅为10.64%，经历了"大跃进"、"文化大革命"等停滞发展时期之后，1978年城镇化水平只达到了17.92%。城镇化的缓慢进程与我国当时选择走重工业化道路、急于求成的政策以及城镇化水平起点低等因素有关。

第二，加速发展阶段，改革开放至20世纪末（1978～2000年）。这段时间，我国城镇化水平由17.92%上升到36.22%。由于工作重心转变为以经济建设为中心，工业化战略重点由重工业化转变为轻纺织业，以及大力实施城市中心带动区域发展战略，促使我国在这个阶段的城镇化进程明显加快。

第三，快速发展阶段，21世纪以来（2001年至今）。根据国家统计局数据，2014年中国城镇化率为54.77%。我国正式制订了加速城镇化发展的总体战略，经历了小城镇规模扩张时期、城镇群发展时期等阶段，城镇化速度进一步加快。

中国城镇化建设迅速发展是从改革开放以后开始的，而小城镇作为乡村剩余劳动力就地城镇化的空间载体，在中国城镇化进程中发挥了重要的作用。2016年7月，住建部、国家发改委、财政部联合发布《关于开展特色小镇培育工作的通知》，指出2020年打造1000个左右各具特色、富有活力的特色小镇，带动小城镇全面发展；2017年政府工作报告也明确提出支持中小城市和特色小城镇发展。特色小镇成为推进新型城镇化、促进大中小城市和小城镇协调发展的纽带，各省市纷纷出台政策，推进特色小镇的建设发展。特色小镇是城镇化进程中的小城镇主导型发展模式。2005年有学者认为，农村剩余劳动力仅靠大城市解决不了人口转移问题，应集中力量发展小城镇。特色小镇就是社会发展到一定历史阶段的一种区域性空间与要素集聚的发展模式，其成长和发展过程需要社会与经济发展为前提，这个前提不仅包括区位条件、产业基础、区域社会经济发展水平、区域性产业集聚方式，还包括社区生活环境、日常生活方式、创业与创新土壤及人才机制、政策导向及地方的历史文化基因等要素。

特色小镇并不是行政意义上的城镇，而是一个大城市周边或乡村，在空间上相对独立发展，具有特色产业导向、景观旅游和居住生活功能的项目集合体。特色小镇的核心是特色产业，特色小镇也是一个宜居宜业的大社区，具有宜人的自然生态环境、丰富的人性化交流空间和高品质的公共服务设施，是一个体现特有地域文化的高度产城融合的空间。

2．我国特色小镇建设的战略意义

特色小镇是当前我国乡村振兴战略的重要举措，通过特色小镇的建设能够有效改善城乡二元结构，缩短城乡居民生活水平的差距，满足广大农民更加平衡的发展需求。

（1）特色小镇的建设一方面能够促使农村地区的产业升级，另一方面也是农村地区经济发展的重要动力。特色小镇建设要以特色产业作为基础，并且通过政府出台的各项优惠政策实现农村产业结构的调整，达到升级转型的目的，有效推动农村经济发展。

（2）特色小镇的建设能够促进地区经济的供给侧改革，进而提升经济增长点。特色小镇具有经济要素上的集聚功能。与此同时，特色小镇能够吸引人才，扩大人才资本，是经济创新的重要平台，有助于拓展新的经济增长点，实现投资融资方式以及开发模式的创新。如我国已经建成的互联网小镇、生态医药小镇、金融产业小镇等。

（3）特色小镇的建设对于农村环境的改善有着积极的作用，既美化了环境又提高了农民的生活品质。特色小镇在建设过程中还要融合小镇的建设与发展，打造良好的生态环境和宜居环境，并且需要与小镇的特色文化、民俗风貌以及乡村文化进行有效结合，打造具有优秀传统和特色鲜明的乡村文化品牌，提高区域经济的发展活力。

特色小镇发展要坚持：第一，产业应与当地的特色相结合。产业的经济开放性和生产效率较高；第二，功能应具有一定的集聚度和和谐度，功能结构合理，公共服务功能均等化服务较高；第三，要全面体现"特色"，除了产业特色以外，在空间上也要体现建筑、景观整体的环境特色；第四，在一定意义上是一个特殊政策区，应围绕特色小镇的发展目标，建立起与其发展相适应的制度，保障特色小镇可持续发展的环境治理和收益共享的机制。

3．河北省特色小镇建设

河北省委、省政府《关于建设特色小镇的指导意见》中的主要目标是到2022年，特色小镇建设取得较大成效，力争培育创建100个左右产业特色鲜明、人文气息浓厚、生态环境优美、功能叠加融合、体制机制灵活的特色小镇。其布局结构比较合理，聚集能力明显增强，发展活力竞相迸发，带动效应充分显现。发展重点：按照"突出重点、差异发展、分类推进"的原则，立足各地基础条件，因地制宜，明确发展重点。一是围绕承接北京非首都功能，打造一批承接疏解小镇；二是围绕培育发展新动能，打造一批创新创业小镇；三是围绕促进产业转型升级，打造一批专业集聚小镇；四是围绕提升旅游消费品质，打造一批文化旅游小镇；五是围绕满足大健康需求，打造一批健康养老小镇。空间布局上：统筹考虑区位特点、资源条件、产业基础、城乡规划、生态保护等因素，以"一环、两带、三轴"为重点，努力构建布局合理、疏密有度的特色小镇发展格局。"一环"：即环京津特色小镇发展区。主要位于京津周边的县区，发挥区位优势，重点承接北京非首都功能疏解和京津创新成果转移转化，结合本地产业、文化特色，打造一批承接疏解、创新创业、专业集聚特色小镇。"两带"：即燕山太行山特色小镇发展带和沿海特色小镇发展带。燕山太行山特色小镇发展带，主要是地处燕山、太行山区的市县，重点围绕发挥旅游休闲、健康养老、绿色产品供给等优势，谋划建设文化旅游、健康养老特色小镇。沿海小镇发展带，主要是沿渤海的"三轴"：即沿京广、大广、石黄等交通干线，形成三条特色小镇发展轴，主要是位于沿交通轴线附近的县区，重点围绕先进制造业壮大、特色制造升级，以及一、二、三产融合发展，培育一批专业集聚、创新创业、文化旅游特色小镇。

图2 课题导师组合影

4. 国外特色小镇建设模式

不同的国家和民族对于城镇化的模式各不相同。有些国家是以大城市的发展为主导,还有一些国家是以中小城镇为依托。但是在大的发展趋势下,小城镇以及特色小镇一直稳步发展。美国的水码头就是一个很好的实例,小镇生活方式和小镇文化成为美国日常生活的主体。阿斯彭以其诱人的乡村风情、啤酒和维多利亚时代的街景而享有盛名。可见美国特色小镇已经成为社会发展方式的一种表达,一种体现居住方式、工作方式、消费方式的载体,同时也体现了小镇的日常生活、交通方式及社会关系结构,进而清楚地表达了特色小镇作为一种空间要素的再生产与集聚方式。西方发达国家特色小镇多种多样,其中以高端产业为主体的小镇也是特色鲜明。美国很多世界500强企业总部就设在小镇上。如IBM总部在阿蒙克市的一个小村庄上,沃尔玛总部在本顿维,特色小镇的形成

图3 课题导师组合影

与社会整体的经济发展水平成正比，是一种社会现代化发展的方式，也是城市生活方式和城市文明普及的结晶。

在英、法、德等国家的一些城市，其相关经验是：特色小城镇更像是一个新的地域生产力结构创新空间，在有限的空间内优化生产力布局，破解高端要素聚集不充分的结构性局限，探索创业创新生态进化规律，具有"产城融合"、"区域发展均好型"、"福民富民"、"产业结构优化"、传承历史和推动社会可持续发展以及经济社会转型升级的深刻意义和价值。荷兰成功之处主要体现在几个方面：一是自然环境保护作为基本前提；二是结构清晰的乡村空间系统承载丰富的休闲活动；三是尊重历史和回归质朴的景观塑造理念。

三、对设计教育的思考

1．实践教学中的体会

在每年的"四校四导师"实践课题进行中，作为导师都会有许多的感想和体会。课题组学生的设计过程，真实反映了每一个学校的教学状况，就像一面镜子，反映出了教学的特色，同时也反射出了教学中存在的不足与弊端。目前，中国设计教育出现了诸多问题，具体来说有些院校的设计教学将学生封闭在学校和课堂上，学生的作业只是纸上谈兵，凭空想象，被称为"概念性设计"的教学，既没有技术与可行性的推理，也没有实现的可能性推导，完全是感性因素想象和表现。这种教学误导了学生专业学习的方向，学生的设计方案只是表面花哨，缺乏扎实的技术支撑，应用学科的教学没有脚踏实地。大学四年中少量的基础实践课程，没有培养出学生的动手能力，实习实践课程也流于走马观花，没有从专业技术角度掌握知识。

2．国外设计教育

艺术设计教育萌芽于19世纪末、20世纪初，其产生和发展是近现代社会的产物，因此也称为现代艺术设计教育。美国的艺术设计教育受到欧洲设计教育的影响，并将其作为自身发展的重要参考。第二次世界大战后，来自欧洲的大批艺术家对美国艺术教育的发展起到了极大的推动作用。德国的设计教育非常注重学生动手和实践能力，学生可以直接到企业实习。另外德国的项目制教学具有鲜明特色，企业与学校结合，企业直接提供一些设计项目，教授针对企业要求提出设计新思路。概念设计可以在现有的技术和未来可能发展方向的基础之上发挥想象，在方案成型之后，可以通过模型推导来进一步深化方案。模型制作是理性验证的手段之一。德国教育方式注重学生的动手能力和设计素养的培养、设计能力的提升、团队合作精神的培养，强调教学与产业的有效结合。

日本对设计教育很重视，第二次世界大战之后，日本的设计教育发展非常快，这体现在他们结合自己的国情来办设计教育。日本很多学者特别强调：日本资源贫乏，国土狭小，要想取得长远发展，必须依靠设计。日本的设计教育很重视民族风格的塑造。在培养方式上，鼓励学生独立发现问题、解决问题的能力。注重动手能力的培养，团队协作精神以及家、学校和企业的密切配合。

3．我国设计教育现状反思

我国的设计教育，缺少核心的教育方式作为教育指导，这是直接导致人才难以适应当前市场需求的原因。并且，在设计教育开展过程中，如何培养学生严谨的理性设计思维，掌握解决实际问题的方法，具备扎实的设计实践能力，以及设计素养的培养、设计能力的提升、学生团队合作、教学与产业结合等都是值得思考的问题。我国当前的环境设计教育应注重：第一，以创新思维能力的培养为目标，使学生适应多变的社会需求。第二，加强实践性教学、强化教师的设计师角色，培养双师型教师。第三，建立适应教学需要的实践基地、产学结合，以基地项目的设计程序的系统化、市场化等方式发挥基地服务设计实践的独特优势。第四，项目式教学，参与实践设计项目，提高与产业的结合度，深入推动设计与市场的对接。第五，本科教学实行导师制，增加实践教学的学分比例，教学内容模块化，既注重综合素质培养又突出专业技术教育。

参考文献

[1] 张鸿雁．论特色小镇建设的理论与实践创新[J]．中国名城，2017，(1)．
[2] 王振坡，薛珂，张颖，宋顺锋．我国特色小镇发展进路探析[J]．学习与实践，2017，(4)．
[3] 吴一洲，陈前虎，郑晓虹．特色小镇发展水平指标体系与评估方法[J]．专题研究，2016，(7)．
[4] 王平．艺术设计教育的跨文化研究与思考——访问美国太平洋大坝艺术设计系有感[J]．设计学．
[5] 胡文娟，沈榆．设计实践教育环节的必要性——以德国教育方式为例[J]．设计教育，2015，(10)．

乡村生态景观构建教学思考
Ecological Landscape Construction in Rural Areas

山东建筑大学/陈淑飞 副教授
Shandong Jianzhu University
A./ Prof. Chen Shufei

摘要：在实施乡村振兴战略的大背景下，通过对2018创基金4×4实验教学课题的主题"人居环境与乡村建筑设计研究"进行思考，探讨以尊重自然、顺应自然、保护自然的生态理念研究乡村生态景观的构建意义和原则，提出塑造自然景观、优化村落景观、发展农业景观和传承文化景观的乡村生态景观构建策略，并对参加实验教学课题组的感悟和思考进行梳理总结。

关键词：乡村振兴；实验教学；生态景观；景观构建

Abstract: In the context of implementing rural revitalization strategies, the thinking about 4×4 Experimental Teaching Topic of 2018 Venture Fund focuses on the theme of "Living Environment and Rural Architecture", which explores the significance and principles of constructing ecological landscapes in rural areas. The study bases on the ecological concept, such as respecting nature, following nature and protecting nature. And the strategy of constructing ecological landscape in rural areas are presented in order to shape natural landscape, optimize village landscape, develop agricultural landscape, and inherit cultural landscape. Afterwards, the individual experience and thinking about participating in the experimental teaching group are summarized.

Key words: Rural revitalization; Experimental teaching; Ecological landscape; Landscape construction

中国建筑装饰优才计划奖暨2018创基金4×4（四校四导师）实验教学课题以"人居环境与乡村建筑设计研究"为主题，围绕河北省承德市兴隆县南天门满族乡郭家庄小镇设计开展实验教学。在大力实施乡村振兴战略的背景下，课题的选题契合中央精神，把握了时代大势，聚焦了发展大局。新时代我国社会主要矛盾的转化，人民日益增长的美好生活需要的一个重要方面，就是对优美生态环境的需求，探讨如何构建一个环境优美、景色宜人、生态平衡的乡村生态景观具有重要的理论和实践指导意义。

一、乡村生态景观构建意义

国家提出"实施乡村振兴战略"的新发展理念后，国务院印发了《乡村振兴战略规划（2018—2022年）》，对实施乡村振兴战略做出阶段性谋划，确保乡村振兴战略落实落地。乡村在我国悠久历史的发展进程中曾取得辉煌的成就，在国家中占有着重要地位，乡村的富庶是我国盛世历史的重要体现和标志，乡村兴则国家兴，乡村衰则国家衰。我国乡村有着丰富的自然景观资源，但随着乡村现代化、城镇化进程的不断发展，乡村这个最宝贵的资源和财富没有得到很好的保护和利用，并不断受冲击，甚至一些乡村只见红顶白墙的新房，原有的自然景观遭到巨大的破坏，失去了青山绿水的原生态景观，乡村面临着凋敝和衰落也成为一个不争的客观事实。

近年来，政府采取城乡统筹、城乡一体化发展、新农村建设、美丽乡村建设、特色小镇建设等一系列措施，进行了有益的探索，取得了明显的成效，但也存在乡村建设的主体发生偏离、乡村建设模式单一化、乡村生态环境治理缺乏系统性等一些问题和不足。构建乡村生态景观正是基于当前乡村实际，在乡村振兴战略的实施过程中，以尊重自然、顺应自然、保护自然的生态理念更深层次地研究当前乡村景观现状，践行习近平总书记"绿水青山就是金山银山"的环境理念，努力建设生活环境整洁优美、生态系统稳定健康、人与自然和谐共生的生态宜居美丽乡村。

图1　四校课题导师与学生合影

二、乡村生态景观构建原则

《乡村振兴战略规划（2018—2022年）》提出实施乡村振兴战略的基本原则之一就是坚持人与自然和谐共生。落实节约优先、保护优先、自然恢复为主的方针，统筹山水林田湖草系统治理，严守生态保护红线。乡村生态景观的构建需要在此原则的指导下，维护原生态景观风貌，保留乡村景观特色，着力改善乡村人居环境。

1. 生态优先

乡村景观的产生是人与自然长期作用的产物，在其发展过程中，独特的自然风光、鲜明的地域文化和珍贵的历史遗迹起着重要的决定作用。原生态的乡村景观是人类千百年来改造自然的历史发展见证，是不可复制的宝贵资源，也是构建乡村生态景观的基础。因此，在乡村生态景观建设中应树立山水林田湖草是一个生命共同体的理念，以优先保护乡村及周边地区的生态环境为原则，修复和改善乡村生态环境，确保自然环境与人工环境协调互补，自然环境与生态系统和谐稳定，从而构建乡村独具特色魅力的生态景观。

2. 保护肌理

乡村肌理的形成是乡村历史发展的结果，是架构在丰富的自然生态、历史文化与社会经济互动关系之上的乡村聚居格局。由乡村宅院、大小街道、聚合场地、农田果园及自然环境共同构成的乡村肌理体现着乡村的历史发展、人文特色以及特定时期内的价值取向，是乡村的特有标志和发展内涵。在乡村漫长的发展历史上，乡村的肌理结构相对稳定，变化不大，整体上呈现和谐发展的态势，但随着城镇化进程的加快和盲目的开发建设，许多乡村的肌理结构破坏严重，丧失了千百年来遗留下来的乡村风貌。在乡村生态景观建设中，以最小干预的原则保护乡村原有肌理结构，把握乡村空间地域特色，延续乡村空间历史文脉，才能保持一个乡村所特有的乡土风貌和乡土特色，满足村民对乡村生态景观建设的心理需求和情感认同。

3. 因地制宜

自然资源是乡村聚落得以延续和发展的基本条件，同时也是乡村乡土风貌缘起的客观因素。乡村景观的形成人为干预因素较少，更多的是长期自然的积累，这有别于城市景观的人工创造，是景观异质性的具体表现。乡村生态景观体系的构建绝不能照搬城市景观设计理论，而是应该区分农村景观的特殊性，因地制宜，就地取材，以原有的自然景观为基点，以保留乡村历史风貌、地域特色和乡土文化为目标，进行全面性保护、选择性改造和局部优化完善。同时在乡村生态景观建设中还应重视乡土植物的应用，乡土植物是经过长期的自然选择和物种进化演变留存下来的最适宜当地气候、土壤和生态环境的植物群体。乡土植物的生长种类因区域不同而千差万别，带给人不同的景观体验和视觉感受，是最能体现乡村本土特色和环境特色的景观要素之一。

4. 可持续发展

乡村生态景观的构建必须坚持可持续发展原则，不能只顾眼前效益而不考虑长远利益，应使乡村景观能一直健康发展延续下去。乡村生态景观可持续发展理念的核心就是经济发展、资源开发与保护生态环境、维护生态平衡协调一致，既有利于现在的乡村发展，更要为子孙后代留下充足的自然资源和良好的资源环境。在乡村生态景观建设过程中更应关注乡村资源开发利用的生态合理性和生态可持续能力，以促进区域协调发展，维护生态系统稳定，注重生态保护和资源开发之间的平衡为基本指导思想，最终使乡村景观成为生态—社会—经济复合的生态系统，促进乡村景观生态系统服务功能的恢复，提高乡村可持续发展的能力。

图2　布达佩斯城市大学学生课堂

三、乡村生态景观构建策略

产业兴旺、生态宜居、乡风文明、治理有效、生活富裕是乡村振兴战略的总要求，其中生态宜居是关键。乡村生态景观的构建就是要以建设生态宜居的美丽乡村为目标，因地制宜梳理乡村景观，构建生态环境保护体系，持续改善乡村人居环境，构建人与自然和谐共生的乡村发展新格局。

1. 塑造自然景观

自然景观是指受人类活动干预和影响较小，基本维持原始自然面貌的景观。自然景观是乡村自然要素相互作用、相互联系形成的自然综合体，是构成乡村景观的基础。每个乡村受地形、地貌、气候、水文等自然条件的影响，都形成了独特的自然景观，这为乡村景观多样化建设和发展提供了可能和条件。乡村自然景观资源可利用和挖掘的空间极为广阔，但开发利用必须以维持乡村自然生态系统的平衡为前提，不能忽略其原生态景观进行全新建设，而是遵循原有村落自然景观特色，尊重自然山水骨架，尊重乡土植物特性，尊重农田生产环境，在符合整体景观统一风格的基础上对不合理、不整洁的部分进行改建和梳理，特别是要对一些不可再生的宝贵资源进行重点保护和合理利用。因此，只有在建设中始终以保护生态平衡为前提，创造既服务于人，又与自然环境和谐共生的景观体系，才能确保乡村自然生态系统和谐稳定，创造可持续发展的乡村生态景观。

2. 优化村落景观

村落的形成和发展是人类文明的产物，是人类不断适应和改造自然的结果。村落形态和构成类型受自然环境的影响，有鲜明的地域特色。由村落肌理、建筑形制、风俗习惯、服装配饰、生产工具等元素构成的村落景观是能看到的最为直接的物质景观，记录着乡村悠久的历史，也记录着当地人独特的生活方式，更是村民生活的核心地带。村落景观环境直接影响着村民的生活质量，因此在乡村生态景观规划时应遵循乡村传统肌理和格局，完善村落景观结构，优化村落景观环境。建设一是从村落原始形态入手，认真梳理村落肌理结构，保护传统乡村建筑形制，深入挖掘对村落景观塑造起主要作用的特色元素，合理利用，建设乡村聚落温馨格局。二是合理配置公共服务设施，引导整体空间布局协调、生活空间尺度适宜、各种服务功能齐全，营造宜居适度的生活空间。三是全面推进乡村绿化，综合提升田水路林村风貌。重点对村落广场、水塘、廊道等主要空间节点因地制宜进行绿化，注重乡土植物的合理运用，构筑更加多样化的乡村特色生态景观。

3. 发展农业景观

人类在几千年的生息繁衍中用自己的双手改造自然，从而创造出了适合人类的生活方式，也形成了今天我们所看到的农业景观。农业景观来自于农业生产劳动，是有生命力、有文化传承、有物质产出，融入了生产劳动和劳动成果的景观。无论是传统人工耕种的生产景观还是现代机械化农业的生产景观，都与人类的活动密切相关，是一个动态的、自然的、社会的系统反映。农业景观因受到区域地形地貌的限制而具有特殊的地域景观色彩，精准调配耕种作业，发展农业景观，是构建乡村生态景观极其重要的一个方面。一是合理利用地形地貌，顺应乡村自然风貌，种植适宜的农田作物。从功能、布局和造景等方面进行合理规划，可以根据农业生产需求适度改造山势地形的空间形态，但应当尊重土地的生命周期，坚决不改变土壤结构，不破坏农业景观的稳定性，使农田景观形成功能完备和特色突出的地域性农业景观。二是准确调配农田作物，因地制宜，适地适种。调配应根据产业规划和功能定位，以当地乡土品种为主。充分了解当地气候、土壤、水体和农作物等要素的状况，合理选择农作物，保证农田作物健康生长。遵循线条、质地、色彩、空间、季相的美学特征，营造结构合理、层次丰富、关系协调的农田作物群落组合，实现生产、生态和景观的综合效果。

4. 传承文化景观

文化景观是人类文化与自然景观相互作用的结果，是一个地方在漫长历史中形成的具有地方特征的自然和人文因素的复合体。乡村文化景观是乡村自然景观和人文景观的有机结合，它以有形或无形的方式融入乡村聚落、经济、社会等各个部分，形成了具有地域特色的物质文化景观和非物质文化景观。乡村文化景观作为积淀传统文化、生活方式和社会意识形态的载体，蕴含着深厚的农耕文明，所体现出的聚落文化、农耕文化、民俗文化等都是乡村最宝贵的景观资源。充分利用乡村的人文景观资源，深入挖掘乡村特色文化符号，盘活乡村和民族特色文化资源，延续景观的生命力和吸引力，是乡村生态景观规划的根本。要把民族民间文化元素融入乡村景观建设，深挖历史古韵，弘扬人文之美，重塑诗意闲适的人文环境和田绿草青的居住环境，重现原生田园风光和原本乡情乡愁，塑造符合当地审美观念和情感认同的地域性生态景观。

四、实验教学课题的思考

4×4（四校四导师）实验教学课题起源于2008年底，已连续举办十届，成长为中国设计教育界最具影响力的学术品牌活动。十年来，课题组在中央美术学院王铁教授、清华大学美术学院张月教授和天津美术学院彭军教授的带领下，打破了各院校间的教学壁垒，实现了中外20余所高校联合教学、众多知名企业合作教学的全新教育模式，走出了一条环境设计实验教学的改革创新之路。

今年的实验教学课题以"人居环境与乡村建筑设计研究"为主题，紧紧把握了我国社会发展的政策要求和现实需要，课题引导学生关注社会焦点问题，增强社会责任意识，提高综合运用知识解决具体问题的能力。通过河北省承德市兴隆县南天门满族乡郭家庄小镇的实地调研，辽宁科技大学的开题汇报，郭家庄小镇的中期汇报及匈牙利佩奇大学的终期答辩、评优展览等教学环节构成了一个完整的环境设计专业实验教学体系。通过教学活动梳理了各学校的教学思路，检验了设计教学效果，更为实践教学改革提供了示范和样板。

在完成课题任务的过程中，学生在实地调研、严谨分析、创意设计及表达等方面下了很大功夫，基本完成了实验教学目的，但也存在学理精神和构建理论欠缺、构造技术和制图规范掌握不牢、创新意识和实践能力有待提高等问题。这些问题为下一步的教学改革进一步理清了思路：在课程大纲制定方面，充分借鉴知名高校的成熟经验，完善相关课程架构设置，注重学生专业知识和创新能力的培养；在学生培养模式和体系方面，坚持设计理论、基础知识和基本功培养的同时，加大工程实践教学环节，提高学生综合设计能力；在教学方法方面，推行研究性教学模式，引导学生自主探寻知识，培养学生发现问题、研究问题和解决问题的能力。4×4实验教学十年磨砺，光芒绽放，也衷心祝愿4×4实验教学拾级而上，再创辉煌。

参考文献

[1] 王云才，刘滨谊. 论中国乡村景观及乡村景观规划[J]. 中国园林，2003(1)：56-59.

[2] 肖笃宁. 景观生态学：理论、方法与应用[M]. 北京：中国林业出版社，1991. 7-9.

[3] 杨世瑜. 乡村生态旅游理念与发展模式探索[M]. 北京：民族出版社，2011：70-78.

[4] 江灶发. 城市化背景下的乡村景观保护[J]. 江西社会科学，2013(2)：241-244.

[5] 王韬. 村民主体认知视角下乡村聚落营建的策略与方法研究[J]. 浙江大学学报，2014，04(01)：309-310.

躬耕十年、跨域五载
Put His Ideas into Ten Years, Cross-Domain Five Years

四川美术学院/潘召南 教授
Sichuan Fine Arts Institute
Prof. Pan Zhaonan

一、回顾初想

这是一个偶然的开始。十多年前我和中央美院的王铁老师、清华美院张月老师、天津美院的彭军老师等，各自带几名研究生在北戴河做街区建筑立面改造方案设计。那时只想通过项目实践让学生能够多一些直观的经验，能够有目标地进行针对性设计，以此提高他们的专业动手能力。在项目开展的过程中，研究生们的确接触到了许多在校园里不曾接触到的具体问题，在反复的调整中让他们真实地认识到设计并非是美好的想象，设计要面对多么复杂的现实。我想从这个项目开始，他们之中有些就确立了未来从业的方向，这是他们一生都不会淡忘的经历。

当时，大多项目都是这样一个情形。急匆匆地开始，也不知道什么时候结束，好像就没有干脆地完成过，最后大多在相互的拖延与推诿中不了了之。总之，吃亏的好像都是乙方，没有任何权力，只有不断地被甲方指使着不厌其烦地修改方案，而甲方始终也不知道自己到底需要什么。这样不断实验、不断调整、不断"互虐"的过程虽然不是项目运行的恰当方式，倒是案例实践教学的好方法。甲方提出各种奇怪的想法让设计团队去"试错"，因为他有决定支付费用的权力。无论是项目执行也好，实践教学也罢，我们是参与团队中距离最远、成本最高的一组，项目进展到后期我们只好表示退出。本以为事情就这样结束了，但未曾想他们在此过程中却跨越了另一个层面，将有限的项目价值发挥到更大的外延作用，把项目合作的方式直接转化为教学合作的人才培养之上，这是"四校四导师"的开启。

身为教师，在自己的项目实践中仍然心存培养学生的念头，这是职业的操守，若是在普通的社会活动中能发现新的育人之道，可谓师中模范。他们三人从2008年开始，凭着一番热情，展开了一场没有预期的设计实验教学活动。三所大学，从本科开始，像滚雪球一样，不断发展壮大，到今天的数十所高校共同参与，并联合国外高校合作，搭建了一个"跨校际、跨国际、跨行业"的资源共享的人才培养平台。十年的历程，可能当初他们也未曾预料，既没有想到会持续那么长的时间，也没有考虑到会遭遇那么多的困难，可以用"长征"这个词来形容这些身陷其中的寻路人。作为旁观者和参与者，我常常以他们的行为考量实践的得失，以及付出代价的因果，用以印证我实验的合理性和鞭策我退缩的惰性。我们都是多年身在美院体制内的设计教师，深知中国设计教育与市场人才需求的割裂状况，也深感体制所形成的闭环是多么难以突破。但明知问题所在，而不思改变，则良心不安。在此情此境下的所作所为，实在是明见我国的设计教育现状与发达国家的设计教育发展渐行渐远，观念与意识的落后，使我们在人才培养上形成明显的代差；方法与路径的单一，使我们无法整合与利用良好的社会资源和巨大的市场优势。这一切是促成"四校四导师"实验性联合培养的诱因与初想，正是秉持这样的执念，才能支撑这个活动持续至今。不论十年"四校四导师"的得失与否，仅仅是数十所高校、众多企业参加、行业高度关注、社会积极支持，就可判断其探索的价值所在，也为中国设计教育发展提供了值得参考的案例。

二、价值探求

今天社会与市场的丰富多元，促使设计必须持有明确的立场去表明自身的态度，并针对设计对象去索取价值目标。设计教育如何培养学生能清楚地认识社会目标人群需求特征呢？如何理解专业、企业在此方面的成功经验呢？如何将文化与历史价值转化为社会价值与商业价值？唯此一点，就是找到针对性，并表现独特性。我们通常把它说成创新，有针对性地创新。针对性是指设计对社会事物所采取的理解、态度、立场；而后才能表现其独特性，即做出的价值判断。这些看似抽象的、理论性的描述，离设计的现实性存在距离。其实，这仅仅是来自于经验总结基础上的方法研究,在每个成功的案例中都有存在,只是学校的人才教育与企业的用人培养是分裂的。学校不屑于关注建立在复杂市场因素和功利主义基础上的企业经验,因此,无法透过现象触及本质,使得理论与现实脱节,说的与做的不相关联,教学缺乏客观性,研究必然少了针对性;而企业成长大多都是逆水行舟,一路打拼过来,设计项目的成功经验来自于多种原因,一旦项目完成,立即进入新的项目竞争,无暇总结研究设计在项目中的利与弊、得与失,对于年轻设计师的培养多是注重技能和实操经验的传授,难以提升到理论的高度和方法论的指导。校校联合、产教融合、校地结合,多元性、多方位地促使教与学的交流,恰恰是改变两者习惯性割裂的问题,重新回归原本处于上下游的依存共同体关系,并在一个深度融合的环境中相互呈现价值关联。

图1 四校课题导师在答辩会交流

图2 与获奖同学合影

"四校四导师"发展至今,每一期以设定目标项目为研究前提,项目的现实性、针对性、探索性意义,已不再是初始阶段自我行走式的跌跌撞撞,它一定是聚集十年、十期的成果与不断改进建设的系统而形成的,具有创新性教改价值和培养实效的教学模式。而这一模式已经衍生了一个稳定的、多元化的培养平台,新的培养思路与方法都孕生于这个平台的每一阶段培养过程,每一次具体的讨论。设计学科新的研究生教育教学方法论的研究,必须建立在大量实验、实践的数据积累和探索活动基础之上,以此为验证合理性与可行性的客观依据,并从中提炼出可供示范的培养模式。而这个模式不是作为简单复制的范本,如果是这样,它的独特性就完全失去了应有的价值。它是不可复制的,只能借鉴和启发。因为,形成这个平台的基础条件与资源关联,都有其特殊性,并由此生成特有的组织构架和运行管理机制。在十年的磨合中,已经在每个环节发挥了有效的作用,自成体系,简单的山寨很难达到首创的效果。但示范的作用与意义何在?这就是项目要研究与呈现的校校联合、产教融合、校地结合的多元性培养方法,也是我们一直致力于坚持教改探索的价值诉求。在我们的研讨与教改论文中,对现行设计学科研究生教育体制的认识,并在之前出版的多部著作中也叙述了关于设计教育认识论方面的问题。但我想更多的思考是围绕设计研究生教学方法论展开的研究。因为,认识到问题的存在与改进的目标,这是一个显而易见的方向性问题。而实验的成功与否在于解决问题的方法和执行的过程,有好的认识思想却缺乏实现目标的方法与手段,再好的愿望也会流于空谈。因此,示范的意义是在于我们如何去研究方法,实践方法,梳理方法,最后形成有效的方法成果。出版著作无疑是扩大方法影响力最为有效的途径,希望通过书中的研究思考、过程介绍、培养步骤整理、研讨会的交流、学生们的学习状况分析等方面的总结与呈现,为不同资源条件下的同行院校带来思路上的参考与创新启发。我们将其过程中发生的重要事件与进展情况真实地叙述出来,目的不是为了叙述一个个故事,而是将这个实验性的培养项目在实践过程中所遭遇到的问题,以及解决这些问题的结果告知读者,以便于对这个项目和平台有较为具体的了解并符合其借鉴作用。为了让更多的设计学科的导师与学生们能够从中找出值得借鉴的经验,在几年前我们就着手研究选题对象的多个与单个的利与弊,希望通过项目设定,能够从不同角度考验研究生的创新能力和导师投入的分量,并在不同背景的院校中找出教学中存在的问题,以及对完成结果的优劣形成一个相对合理的标准。

十年,在部分参与院校的不断加入与淘汰过程中,也成为我们另一个重要的实验内容。目前国内许多综合性院校都开设了设计学科的多个学科方向,他们在长期不切实际地盲目搬用专业美术学院的培养体系中,已经形成了多种教育教学问题。而这些问题在加入到"四校四导师"的培养项目的过程中暴露无遗，主要问题来自于培养目标的设定、师资水平与培养体系之间的冲突。由于自身条件有限，造成目标设定过高、导师能力与水平不足、课程设置难以实现、培养计划不能顺利实施等问题。这样具有突出问题的院校，难以融入到"四校四导师"的培养系统之中，淘汰使整个的培养系统不受外力干扰。引进新的院校也是为了不断发现这些学校在人才培养中的问题，并希望能借助"四校四导师"联合培养平台，帮助其修正研究生培养中的一些可以改善的症结。但通常人们容易把这个正常的事情转换到面子的问题上看待，再从脸面问题延伸到情面的问题，这就加深了误解。因此，为了避免类似的情面问题妨碍学校正常的进出，我们将讨论建立一种机制，用制度管控部分学校导师和学生的进出，并在各校导师参与时予以说明。学校的适量流动一方面可以沉积下真正有条件、有经验的导师队伍；另一方面可以在一次次教学交流过程中强化他们的施教经验和提升师生们的理论思考能力，教学相长，这也是作为"四校"活动贡献给大家的有价值的经验。

图3 "四校四导师"活动现场

三、凸显分类差异性特征

我时常在想，数十所院校集中在一起针对一个课题展开研究究竟想得到什么？这种实验想求得一个怎样的结论？是想从一个选题研究上求得多样性的解答方式，还是想通过这个活动找出学校与学校之间有价值的差异性特征？实践知识，它有别于学校导师所传授的专业理论知识。虽然研究生在读期间或是在本科学习经历中都或多或少地接触过实践项目，但系统、严格、规范的学习却不曾有过，因为，课堂缺乏深入训练的时间、机会、条件以及相应的任务压力。这就造成了研究生在校学习阶段遭遇能力单一性瓶颈的问题，无法通过不同角度深入自己的设计，并在设计中缺少实现手段与相关技术合作要求。而这方面的知识、能力的培养可能在"四校"的活动中加以强化，使学生从项目的各种具体要求中了解设计所关联的知识的多样性，从而结合所学的理论知识，形成对专业较为全面的理解和认识。在我主持的研究生教改项目《行》那本书中曾经涉及这方面的思考，但没有形成具体的要求和设定明确的目标，而在"四校"的实验教学过程中就反映出普遍的现象。几位学校的导师和外校的专家都从不同角度谈到这个问题，即设计能力应该包含创新能力、理解能力、综合处理能力和设计技术能力，其中学校教育最弱的应该是设计技术能力。由于设计技术能力的薄弱，导致以上三种能力受到不同程度的制约。从学生最终形成的成果上看，这些具有一定创新思想的设计项目，都具备较强的创新能力与理解能力，但却没能反映出在"四校"联合培养过程中，所具备的技术能力与综合处理能力，这样的结果与在校培养的距离并未拉大。那么，我们为何舍近求远让学生们参加"四校"的活动呢？去学什么？什么才是这个阶段研究生应该学习的目标？每次同导师们探讨时都会提出不同的看法：首先从培养对象的层次上看，研究生不应等同于普通的本科生或是专科生培养；其次，从办学主体上理解，高校非普通的职业技术学院。但高校的研究生培养与企业需求脱节，这已是不争的事实，那什么是我们的培养目标呢？

设计企业对新进入的员工都要经过3~5年以上的技能训练，才能逐渐成长为独立的设计师，没有任何一所学校的应届毕业生（本科、研究生）一进入企业，就能够立即胜任工作。设计企业最需要的是具有创新能力的人才，"四校"的活动也是为了更好地栽培他们的创新能力、理解能力、综合素质，而开展针对性的教学探索。因此，"四校"的培养方式应该有别于学校，应该加强多样性与差异性。中国这么多的大学都在整齐划一地培养设计人才，不同的地域、不同的条件、不同的行业和企业需要什么样的人，才是学校应该认真分析思考设定培养目标，而"四校"则是帮助他们更好地实现目标诉求，不是为了体现差异性而制造差异。

在我们参与活动的研究生中，有两类学生，专硕与学硕。几乎所有的学校都在强调分类培养，但实际上，这个问题都被放在一个表层看待，没有真正在本质上和具体的方法上加以区别。而在此方面，"四校"的教学与联合培养也未认真地进行考虑。在"十年"这个重要而特殊的时段里，我们不仅仅要回顾成就，更应该总结问题，需要认真地对待每一期进入的学生，他们所持有的身份（主动或是被动），他们希望在这里获得什么？参与的导师能在这样的教学活动中改变什么？得到什么？这需要同分类培养并置在一起进行考虑，也是研究生教改中的重要内容，即专硕与学硕的培养区别。时至今日，问题已经越加明朗、迫切，关系到未来"四校"活动的具体目标和价值体现，我想应该形成共识的是，我们需要针对不同类型的学校对专硕和学硕的培养大纲要求，结合"四校"的资源与优势，拟定不同类别的培养方案，并明确各自进入学习和考核的具体目标，以及完成的成果要求，在此基础上再制定相关的多导师管理制度，以约束"四校"各参与导师在此期间的责任，保障培养的实效。

四、跨域展望

2014年"四校"走出国门，与匈牙利佩奇大学展开研究生的合作培养，将国际化内容纳入到多校联合培养的活动之中。这种跨域拓展成为实验教学又一反射性印证，来自欧洲的设计教学从根本上有别于中国的教育体系。首先，现代设计思想对于他们的文化传统是一脉相承，没有差异与隔阂；其次，现代设计来自工业文明，而工业文明的发祥地就在欧洲。因此，融合欧洲学校进入"四校"活动，无疑对后续的研究生培养具有非常的意义。在经历五年的交流过程中，这个预期的价值越加明显地体现出来。通过双方的互访与交流，不仅仅加强了对各自教学特征的理解，同时，也对彼此不同文化、习俗、社会等多方面有了直观的认识，更为重要的是学生们意识到对语言学习的重视，促使其努力改变为学分学习语言的习惯。

联合培养没有一种可以借鉴的模式，更不要说"四校"发展至今，从本科到研究生，从美术学院到综合性大学，再到国外的高校合作，经历的过程太多，涉及的面很广，触及的设计教育问题也非常丰富，但依然不懈地继续探索。现在这个平台面临的不仅仅是研究生培养方法的改进问题，更要面临"四校"的系统建设和持续发展的问题，还要面临经费保障的问题。参与的学校不少，但参与真正解决问题的学校不多，这些压力自然会落到发起人的肩上。其实，摆脱困境的方式，也是"四校"活动需要认真探讨的内容。如果一个平台的建立是由发起人创建，平台的持续发展则应该依靠共同参与者完成，而不是全程依赖发起人，这才能真正构成合作的共同关系，否则即是不可持续。

设计学视角下的美丽乡村建设
Beauty Rural Construction from the Perspective of Design

湖北工业大学/郑革委 教授
Hubei University of Technology
Prof. Zheng Gewei

摘要：近几年，在城乡统筹发展，实现城乡一体化的国策引导下，美丽乡村建设如火如荼地在各地铺展开来，目的是美化农村的人居环境，带动农村的产业发展，提高农民的经济收入，创建美好、和谐的美丽乡村。但是，在建设过程中，因观念与思路的问题，出现了种种不尽人意的问题，这些问题引起的后果与建设的目的背道而驰，还造成了巨大的资源浪费。美丽乡村本身是牵涉各方的一个系统工程，本文试图从环境设计的视角，对美丽乡村规划、建设的观念思路做出梳理，希望能对美丽乡村建设有一定的理论指导作用。

关键词：素质；乡土；特色

Abstract: In recent years, under the guidance of the national policy of balancing urban and rural development and realizing urban-rural integration, the construction of beautiful villages has been spreading everywhere in full swing. The purpose is to beautify rural living environment, drive rural industrial development, improve farmers' economic income, and create beautiful and harmonious beautiful villages. However, in the construction process, due to the problems of ideas and thoughts, there are various unsatisfactory problems. The consequences caused by these problems run counter to the purpose of construction and cause huge waste of resources. The beautiful countryside itself is a systematic project involving all parties. This paper tries to sort out the concept of planning and construction of beautiful villages from the perspective of environmental design, in the hope of providing theoretical guidance for the construction of beautiful villages.

Key words: Quality; Country; Characteristics

2018年8月底，2018年创基金4×4实验教学课题"人居环境与乡村建筑设计研究"终期答辩在美丽的匈牙利佩奇大学圆满完成，中外19所院校的26名研究生以河北省承德市兴隆县南天门满族乡郭家庄为研究主题从不同的视角阐述了自己的研究成果，并在佩奇大学信息与工程学院举办了作品汇报展，成果丰厚。回顾作为责任导师近半年指导学生进行课题研究以及近三年因课题前后三次赴郭家庄进行实地调研考察，深刻感受到郭家庄因美丽乡村建设带来的巨大变化。今年在欧洲又抽空考察了匈牙利、奥地利、捷克等中东欧国家的乡村小镇，一直在思考什么是中国的美丽乡村，环境设计视角下我们应该如何建设美丽乡村。

众所周知，美丽乡村建设首先是在国家政策引导下的，为了城乡统筹发展、实现城乡一体化的巨大系统工程，提出了"生产发展、生活宽裕、乡风文明、村容整洁、管理民主"的美丽乡村建设的具体要求，最终实现农村产业振兴、村民生活富裕、村容整洁美丽、乡村社会和谐的目的。由此可见，美丽乡村建设核心以及外延上都不仅仅只是一个乡村环境美丽的问题，近几年，各个学科领域在各个层面上都在探讨美丽乡村建设的问题，有共识的是，要实现美丽乡村建设的真正目的，要建设真正的美丽乡村，需要国家及全社会各个领域共同努力才能完成，反之，正因为美丽乡村建设是一个复杂的系统工程，如果各个方面把问题都推给别人，美丽乡村就无从谈起。其中，作为一个环境艺术设计师，在环境设计语境中，我们该做什么？应该如何做？

首先应清楚中国乡村环境现状的成因是什么？理想的美丽乡村环境又是什么？只有找到了问题的症结，我们才能对症下药。大家都有体会，一来到乡村，就会引起"乡愁"，生活垃圾随意堆放、厕所无从下脚、苍蝇蚊虫满天飞。这次欧洲乡村游走给我最大的感受，并不是欧洲乡村的自然景观、民居建筑风貌等，而是无论经济发达与否的国家地区乡村，都非常的干净整洁，在无尘土、清新的空气中你才有心情去领略乡村的自然风光、风土人情。那么，中国农村脏乱差的环境是如何形成的？当然造成脏乱差的成因有农村基础设施、公共服务不完备等原因，但我认为首先是人的素质，这次欧洲考察东欧一些经济不发达国家的乡村，从民居的建筑材料等方面看就知道经济状况不是很好，但无论是自家的居住区域还是整个村落的环境都不见垃圾，干净整洁。我们的乡村脏乱差，以前总归咎于基础设施欠缺，管理缺位，经济落后等原因。我以为最关键的还是提高乡村村民的素质，如果素质不提高，再完善的基础设施、再严格的管理、投入再多的资金，脏乱的环境一样不会得到改善，这种情况在中国相对较发达地区的乡村同样比比皆是。

审美素质的提高刻不容缓。大家都知道乡村景观是由乡村自然景观、农业生产性景观和人工建筑景观组成。其中民居建筑及其庭院景观、村落街道人工建筑景观直接展示村落风貌，在农村，国家相关部门对民居建筑通常只有限高、限层要求，农民在其宅基地上的自家建筑的形态、采用的材料都是自主性的行为，因为缺乏审美以及对审美的追求，以前中国农村民居建筑大多是无序的状态，特别是经济落后地区，民居建筑仅仅只是满足使用功能的需要，简单难看，经济发达一点的地区，一味地低劣模仿城市建筑，既看不到建筑历史样式传承的痕迹，也缺乏基本的建筑审美。所以，由一幢幢民居建筑组成起来的村容村貌自然杂乱无章，也缺乏乡村建筑特色。在欧洲，拥有终身土地产权的农户自主性修建的农舍，无论经济发达与否，或传承当地历史建筑样式，或现代小型建筑样式，都精巧别致，每个建筑、每个庭院都精心设计、精心布置、精心建造，体现了非常高雅的审美趣味、良好的审美修养和非常高的审美素质。如果不提高中国农民的审美素质，哪怕是由国家投入完成的美丽乡村，也会在时间的流逝中，美丽被人为地消失殆尽。

因为中国地域辽阔，农村的发展状况、资源、特征也不一样，国家农业部2014年2月正式对外发布美丽乡村建设十大模式，为全国的美丽乡村建设提供范本和借鉴。具体而言这十大模式分别为：产业发展型、生态保护型、城郊集约型、社会综治型、文化传承型、渔业开发型、草原牧场型、环境整治型、休闲旅游型、高效农业型。不管哪一种模式，在环境设计视角下，我们该如何切入、如何思考、如何做？

图1　佩奇大学开学典礼现场

一、保持乡土气息，完备基础设施

乡村之所以是乡村，与城市存在差异化的特征，它是由优美的自然景观、独特的生产生活方式、纯朴的民风民俗以及特色民居组成。最近几年，在美丽乡村建设中，地方政绩的好大喜功，逐利资本的引入，大拆大建，过多地从表面化的、商业利益的角度规划和建设村落，把村落建成了景区，同时把城里人的需求、城里人的生活方式强加给村民，严重地影响村落所特有的生活状态，而美丽乡村之所以吸引人，除了优美的田园风光、新鲜的空气，就是乡村所特有的生产生活方式、生活的状态。美丽乡村的主体首先是村民，他们不应该成为配角，鲜活的村落也应该是村民幸福和谐的生活状态。所以在规划和建设美丽乡村时，我们首先应该明白我们是为村民在建设美丽乡村，在规划建设过程中要尊重、研究当地村民的生产生活方式、民风民俗、生活习惯，真正了解村民的需求，改善、优化符合村民生活状态的居住、生活环境，这样才能建设具有乡土生活特色的乡村。另一方面，这样一幅具有乡土特色的生活画卷是真正吸引人来乡村旅游的魅力所在。在保持乡土特色的同时，还必须大力完善乡村的基础设施，基础设施的完善，不是简简单单地修修路、放几个垃圾桶等那么简单，乡村的基础设施因为与城市生活生产方式的差异化必然有所不同，脱离农村生产生活方式的基础、卫生设施就是一个摆设，不能起到真正的作用。另外，尘土飞扬是乡村脏乱差的一个典型现象，可以通过绿化、碎石等方式固化土壤，尽量减少土壤直接暴露，有效地解决这一问题。

二、保持乡村错落有致的规划布局，优化村落天际线

近几年在美丽乡村的建设过程中，各地政府建设了很多美丽乡村的示范村，大多是在村落附近规划一个新建居民区，修建整齐划一的民居，笔直的道路，千篇一律，单调乏味。或者做成如城市一般的街区、村民广场等，我们记忆中的乡村是这样吗？我记忆中的乡村道路永远不是笔直的，它要么消失在一片树林里，要么消失在一栋民居的旁边，民居建筑绝不是千篇一律、整齐划一的，它一定是高矮不一、错落有致、松紧有度的。房子一定是和自然景观的山川、河流融在一起的，每栋房子都顺势而为，和自然景观相辅相成。村落的建筑景观天际线非常自然地与自然景观的天际线相互融合，形成一个错落有致的整体，它绝不是一根平直、单调的线条，生硬、刺眼地插进自然景观天际线中。所以，在村落规划的过程中，应避免如城市里统一、集中化的民居方式，保持村落田园化的布局，因势利导，优化村庄道路、建筑与村落天际线。

三、保持民居建筑地方特色，材料要因地制宜

每个地区民居建筑形制的产生都与当地的水文气候、地质环境、生存生活方式以及当时的文化背景密切相关，如中国南方雨水多而形成的利于排水的坡形屋顶，北方雨水少阳光充足而形成的利于晾晒的平屋顶，贵州、湖南部分山地苗族、土家族地区因地形、防止野兽侵袭等安全原因而产生的吊脚楼，山西等地因注重家庭隐私文化而产生的多进院落、外围相对封闭的庭院建筑，西藏等高原地区因抗击严寒、宗教信仰等原因而产生的加厚墙体、梯形形态的藏式民居。所以在建设美丽乡村民居建筑时，绝不能复制城市的建筑样式，也不能像做审美游戏一样任意、随性地设计民居强加给村民，而应该仔细调研、分析当地的水文气候、地质地貌、生产生活方式、民风民俗习惯等，特别是当地传统民居形制产生的成因，取得相应数据，再进行分析、整理、归纳，提出问题，最后在设计中解决问题。尊重传统、保持地方特色并不是说要一味地复制传统的东西，生产力的改变，人们的生产、生活方式改变了；科技的进步，人们适应环境的方式也改变了；社会的进步，人们对生活的要求也改变了，审美趣味也改变了，显然完全拿来、复制老祖宗的东西是不合时宜的，我们应该尊重、保留老祖宗的是尊重自然、适应自然、顺应生活的思考方式，在适应现代人生活的前提下，改良、优化传统民居形制，继承老祖宗留下来的精华，使每个村落都能保留自己的历史记忆，形成自己的地方特色。在建筑材料上，主张首先考虑当地生产、易于获取的建筑原材料，在我们的传统民居中确实做到了这一点，如南方的木构造民居、北方产石材地区由石块累积的民居、陕北的窑洞以及土夯建筑等，才能做到建筑与环境浑然天成，同时也能降低建筑成本。但是在运用的过程中，我们也不能像过去那样简单，可以借助建筑材料技术的进步，对这些传统材料进行二次加工，增加传统建筑材料的强度，或与其他现代的建筑材料相结合，提升传统建筑材料的审美价值。本次欧洲考察，很多房子都有历史建筑的痕迹，但又不局限于历史的重复，传统材料与现代建筑材料如金属、玻璃等相结合，我们既看到了历史的痕迹，又感受到一种与传统有别的现代化的生活状态，同时又与当地的环境很好地融为一体。

如上所述，美丽乡村建设是一个系统工程，要实现建设美丽乡村的最终目的，需要国家政策、地方政府配套的支持，需要包括我们环境设计学科及相关学科的理论与实践研究，需要社会各界的齐心合力，需要美丽乡村建设主体——广大农民的积极参与才能实现。作为环境设计工作者，首先要站在超越环境设计、更高的视野上去思考问题，要真正去了建设美丽乡村的目的，什么是真正的美丽乡村，环境设计在美丽乡村建设的大的系统中扮演什么样的角色，起到什么样的作用。只有这样，才不会在美丽乡村建设中，仅凭情感做形式上的审美游戏，才会在美丽乡村建设中有真正的用武之地。

设计教育成功模式
Successful Pattern of Design Educational

广西艺术学院/江波 教授
Guangxi Arts University
Prof. Jiang Bo

摘要：创基金四校四导师实验教学课题是执行国家关于高校大力培养实用型人才的号召，实行校企、校校联合培养人才的新型教学模式，经过九年的实验探索，课题开展扎扎实实又丰富多彩。参与的学校得到很大的收获，教学有了实质性的提升。四校四导师实验教学课题筑建了良好的学术交流、资源共享平台，已经形成一个优秀设计教学品牌，在中国的设计教育界可谓是独树一帜、蜚声海内外。本文就参加第十届2018创基金4×4实验教学课题的感受、收获进行总结与汇报。

关键词：教育模式；地域文化；乡村旅居；在地设计；混合空间；可持续发展

Abstract: The Chuang Foundation 4&4 Workshop Experiment Project is a new model of instruction that about chinese collage and unviersity train men of practical talents, the implementation of school-enterprise cooperation, alliances of colleges and universities train men of profession. After nine years of practical exploration, Along with the subject development, 4&4 WorkshopExperiment Project has become an ideal platform of academic exchange and resources sharing. And forming brand of superior design teaching. the sbuject is unique and enjoys a high reputation abroad in China design education. thus, this paper carried on the summary and the report, that basis of Practical experience for attended the tenth The Chuang Foundation 4&4 WorkshopExperiment Project.

Key words: Educational pattern; Regional culture; Live of travel to rural; Local design; Hybrid space; Sustainable development

引言

21世纪以来国家都是非常关注广大乡村的建设、发展，"支持高等学校、职业学校发动师生利用寒暑假下乡服务，动员院士、院长、总师、教授等优秀设计人才带领优秀团队下乡服务，引导设计师、艺术家和热爱乡村的有识之士以个人名义参与乡村设计服务。培养一批了解乡村、热爱乡村、致力于服务乡村的设计人员。"这个是国家住房和城乡建设部发布的关于开展引导和支持设计师下乡工作的通知，创基金四校四导师实验教学创立以来就是根植于"美丽乡村设计"为课题内容。

2018年创基金4×4（四校四导师）建筑与人居环境"美丽乡村设计"课题，于2018年9月3日在遥远的欧洲匈牙利国度具有650年办学历史的佩奇大学画上了圆满的句号。这次是4×4（四校四导师）的第十届实验教学课题，所以今年的实验教学课题具有里程碑式的意义，今年的课题吸引了19所中外高校参加，充分体现了实验教学课题模式的成功率、吸引度及课题发起人中央美术学院王铁教授的凝聚力。本人认真地指导广西艺术学院建筑艺术学院2017级研究生李洋同学全程参加了课题活动。

今年课题内容是对河北省承德市兴隆县郭家庄的建筑环境进行规划设计，课题分为四个阶段展开：第一阶段课题实地田野调查（2018年3月下旬，地点在郭家庄）；第二阶段课题开题报告（2018年4月下旬，地点在辽宁科技大学）；第三阶段课题中期答辩（2018年5月下旬，地点在承德市兴隆县）；第四阶段课题终期结题答辩（2018年8月下旬，地点在匈牙利佩奇大学）。

一、课题的田野调查

在第一阶段的课题田野调查现场调研考察中,通过实地现场走访耳闻目睹、身心感受,通过对村民采访、测量建筑等手段得到了第一手资料。郭家庄是在河北省承德市兴隆县南天门满族乡,村落范围9.1平方公里,坐落在燕山山脉深处,位处北京东北170公里的地方。郭家庄村落地形属于河谷冲积平原,村落周围树木环绕,地势平坦,有澈河穿境而过。此地历史上属于清朝"后龙风水禁地",由于曾经被清朝划为皇家风水禁区,禁兴土木、耕作,所以野生动植物资源丰富,自然环境保护良好。郭家庄村民大多是清朝时期的满族遗民,源自于满清的东陵守陵人郭络罗氏的后人,随着清皇朝的覆灭他们便移居此处逐渐开始形成村落。民国时期以后郭家庄满族不断受到汉族汉化影响,满汉两族不断发展融合升华,而形成了特有的当地满族文化。至今当地仍保留着满族的生活习俗与文化民风,如剪纸、刺绣、八角鼓满族艺术及满族饮食等特色,随着旅游的开发,郭家庄还被评为"少数民族特色村寨"。

1. 郭家庄的建筑环境特点

现场考察发现郭家庄的民居院落以一合院、二合院为主,这些大体上为北方民族的建筑形态特征,其主屋由传统的海青房演化而来,院落讲究轴线对称形式,以一条南北向轴线沿轴线单向纵深布局,院落整体坐北朝南,院门高大宽广,并筑台基承院落。这些与北方汉族合院基本一致,但与传统汉族合院还是有内在的本质区别。在满族文化中遵循长幼秩序,院落形式符合满族"以西为尊,以右为大"的长幼秩序,长者居住西屋,与汉族传统以东为尊,以左为大的文化形态有明显差异。尤其是院内筑八尺左右的索伦杆,体现满族传统的"天地观念",这就是最为明显的标志性特色。

2. 村落环境生态系统

随着国家的城乡建设进程,郭家庄村落基础设施也在不断完善中,尤其是道路铺装硬化等方面基本完成。但也随之带出一系列的环境生态问题。

郭家庄的水系河道系统渠化严重,随着乡村城镇化的步伐本来很自然生态的环境逐渐被恶化了,这个是当今农村现代化进程中的一个普遍的现象。郭家庄村落河道沿岸运用岩石混凝土建立了高防水渠,而且驳岸处理过硬,整个村落范围内缺乏宜人的亲水空间。同时整个村落的树木绿化比率不足,尤其是河两岸的树木栽种很少,严重影响澈河水域的自然生态结构。郭家庄村庄的道路已经打上混凝土,许多房前屋后几乎见不到裸露的泥土,同时村庄范围内的公共场所设施缺乏,生态绿化的系统化规划方面也严重缺失。过硬的村落生态环境处理,使得村落整体呈现出的现代化质感与村落自身的传统生存方式缺乏协同,导致了村落建设绿色生态发展的可持续性失衡。

3. 文化娱乐设施场所

郭家庄现在的文化娱乐方面非常简陋单一,在基本建设的进程中,忽视了文化娱乐场所的配套设施,无法满足村民日常的文化生活需求。随着社会老龄化的进程村里上了年纪的老人数量逐渐增大,老年人平日的娱乐与休憩放松活动便是最基本的日常需求。但是由于缺少基本的功能设施空间,年长者只能围坐于国道沿路的小卖铺前晒太阳,聊天消遣。青壮年们在劳作之余,就是聚集在小卖铺前打牌、休憩。儿童们在课余和放学时间,在村中公路两旁打闹、玩耍。与许多农村一样,村庄小卖铺自然担当起了村落娱乐中心的功能:男人们在小卖铺前打牌,妇女们来小卖部购买日用品,小孩子们前往小卖铺购买零食、玩耍。这里聚集了村庄中各年龄段的人,但是小卖铺位置又处于横贯村落的国道旁边,而且空间狭窄,国道车来车往,这无疑存在巨大的安全隐患。郭家庄目前缺乏文娱集会中心,无法满足村民当今的日常及节庆集会、文体活动、娱乐休憩的需求,更不利于今后郭家庄的文化发展和精神文明的需求。

4. 人口结构与民俗文化

随着我国农村各项改革的进程,进入2000年以后兴隆县实施"退耕还林"政策,鉴此郭家庄进行农业产业结构调整,以种植板栗、山楂为主,配套种植草本经济作物,因此劳动力的需求明显减少,同时作为农业劳作方式所获得的经济收入偏低,加上农村各方面条件落后且城乡差距悬殊,导致近二十年间青壮年人口外出务工,目前村庄以老人、儿童为主,村庄呈现严重的空心化趋势。这些从另一方面无疑又加剧了文化传承和乡村民俗发展的难度:首先是满族传统文化面临断层压力,所谓断层即中青年人的层次是承上启下的关键链环节。一方面村里大量青壮年人口外出务工,另一方面村庄下一代儿童们在学校统一学习汉族文化与汉语言、汉文字,村落中仅老一辈人运用满族文字、语言进行交流,如此持续,以往满族文化就会处于失语状态而逐渐消失,村落中满族传统文化面临无人继承的境地。还有民俗文化问题,即满族民族自己特有的剪纸民俗传统和满族饮食文化,掌握这些技能的老一辈人慢慢老去,而村里的中青年人都在外务工,无法完成传承任务。再一个,没有经济作为杠杆的吸引作用,也是难以长久持续。同时当今时代地域文化和民族文化处于主流文化边缘地带,面临此种种境况如何传承延续这些村落文化、民俗文化,就是一道摆在我们面前的难以回避的难题。

图1　四校课题组导师合影

二、课题方案设计

第一阶段现场实地考察工作,对郭家庄的地理位置、人员结构、村貌地势、水域、植被、民俗文化、饮食、民风、生活习俗等都做了详细了解,完成了资料素材收集后就着手开始进入第二阶段的方案设计。

设计的先导就是用一个地域的文化作为设计的理念,这有三个导向,也叫三个路径:第一个是自然导向,就是它在什么环境下跟这边的山水和自然是什么关系;第二个导向是文化导向,这个地方的生活方式和文化方式;第三个导向是产生于这两者之上的这个地区的审美标准。这三个导向是我们所有设计过程中必须遵行的一个原则,尤其今天在各地,在很多地域性和各种有特色个性的文化被大量消失(灭)的时候,这个理念就变得十分重要。其实设计的地域性不光是地方的,更是文化的。在这样一种理念下,我们的设计师也好,城乡改造决策者也好,在这样一个空间重构过程中我们需要一个态度,就是平等、尊重,在我们的设计理念中推行实施。

综上所述,即以地域特色为根本核心,而这个核心也再次证明了在这个世界上个性才决定你的价值,无论是人还是物质,以至于每一片树叶都不一样,每个人都有他不同的个性,同样每个建筑、每个区域、每个城市也是其个性决定它的价值。当我们走进一个有极强个性的城市和村庄的时候,我们会产生一种新鲜感和新鲜感带来的激动。当人们走进千篇一律的城乡的时候,还有什么激动可言?这就需要我们认真地去思考,努力地去践行,甚至建筑师和大量的实践者在利益博弈中间必须处于良心上的一种坚持,这非常重要。

1. 方案的分析定位与借鉴

在课题方案设计的前期,针对着手设计的格局,要遵循"高、大、上"的思路。

首先,设计定位要有"高"的格局。在设计方案主题确定之前必须思考当前中国乡村改造的正反经验,借鉴中国以及外国的各种成功案例及其设计导向。首先这个乡村设计改造的定位是一个构想,但是这个构想必须是从设计伦理、设计责任、设计价值和设计文化的立场角度来倡导。这次实验课题中学生作为主体的参加者,这不只是学生的个体行为,作为指导教师也是重要的参与者。针对全国广大农村"美丽乡村"改造,其中的指导者、规划者、设计者应该秉承他应该有的设计立场、设计态度和设计价值观,从而来确信或者表达我们应有的一种文化自信,以及在这个文化自信上面又要有一个国际化的视野,同时又和现在的民生能够结合在一起,这就是一种高的格局。纵观当前新农村改造案例，许多村落几乎找不到一处考虑原居民日常生活的聚集娱乐空间场所，原来有的破败老戏台也是全部拆除，原有的居民传统建筑在旅游开发中被忽略，村民成了不被重视的群体，他们的民生没有得到足够的关怀，特别是相关的民生设施大多被拆毁，给当地村民的生活带来极大的不便。与其说我们是设计环境，倒不如说是设计"人"和"社会"，这就是说设计需要态度、立场、价值和责任。

曾经到欧洲各国考察，有了许多收获和感触，比如他们在对待历史传统建筑街区方面非常认真与精到，每一处古代遗址，哪怕是只剩下一堵城墙或者一个墙角都是非常认真地善待保护起来，附上文字说明，赋予了文化历史的延续。传统的城市道路网交通设施保留了原来的有轨公交电车，汽车也在轨道路面上行驶，形成了混合的立体多功能性质。

第二，设计定位的"大"，这并非是指大的建筑、大的空间广场，而是思维观念的大格局，以及一种丰富的层次、丰富的空间、丰富的材料……我们以这种理念做建筑和环境的时候也给我们带来了很多不同的灵感。现在城乡经历了很大的变化，人们生活有了很多新的内涵和科技，而空间造型的定义更多地是由宽度、长度、深度和空间情调来展现，这样使得人们可以亲身去触碰，可以用身心去感知。所谓的"丰富"的概念更多呈现在建筑与建筑之间的这种空间当中。空间形态可以使用任何的材料和形式，包括一些屋顶、墙壁、体量、容积等。我们在做空间塑造的时候往往是要在继承中创新，不同的材料、不同的维度、时间与空间、保留性等都会有新的办法、新的意义来诠释着这一切。

第三，设计定位的"上"就是要上档次。这是一个具体实施过程的态度，也是当下最为强调的"精细化"。首先，精细化是城乡建设中我们的决策者、我们的设计者、我们的施工者都要对历史的文化和历史建筑的形态保持敬畏之心，要尊重它们。第二方面，精细化改造需要我们有一个在地性，即对地域化文化的认知和认同的过程，因为建筑是一个居住、活动的场所，更是一种文化。我们要活化它的历史，活化它的记忆，活化它的文化，通过精细化不断提升其品质感。第三方面，我们要做一个精细化的更新，要把建筑看成一个活的生态，它是有生命的，它跟我们的生命一样有它的生命周期，我们要让它重新焕发生命，必须保持温度，必须有一个非常好的人生态度和设计态度。还有就是新技术的应用，如对城乡环境的零污染、资源化利用、垃圾的分类处理。长期以来乡村脏乱差现象还是比较普遍，所以政府提出了建设"美丽乡村"的号召。在乡村首先就是垃圾的处理问题，行之有效的一种方法是在垃圾分类中以生活垃圾分类方式收集，集中到专门工厂（工艺设施）应用环保酵素来对这些有机垃圾进行处理。在发酵过程中通过发酵参数的优化，提高能源回收率，并且规模化收集甲烷、氢气，进行有效率的工业化联产，降低COD产生率，达到能源再利用的更高效率。厌氧发酵产生的沼气是一种优质的可再生能源，可以提供生活用气或直接发电，发酵的后续产物沼渣和沼液可以作为很好的有机肥用于农业生产，因此，厌氧发酵技术兼具明显的节能减排效果。

2. 课题方案设计的展开与展延

对于郭家庄的村庄建筑环境改造设计，我们构思了"乡村文化休闲、旅游商业混合建筑空间"，这里的混合建筑空间就是一个乡村田园综合体，集民俗文化表演、休闲娱乐、商业旅游观光、综合服务为一体的集散中心。通过具体的分析，课题方案主题命名为《荷满·乡伴》：荷，即和。满，即满足（满族）。荷花盛开溢满飘香，和和美美，和谐圆满，寓意生活和谐美满，家和万事兴，圆满幸福。这体现新农村和谐可持续发展之意，也是生态可持续的乡村振兴的实施方向。

由此，混合建筑空间即传统村民居住的建筑空间形式、村落活动的空间和旅游商业开发的空间能够融合起来，打破原村民日常生活和旅游业态之间产生的对峙局面，从而让创新的混合建筑空间承担起造福于本地居民，甚至是游客以及商贩的利益责任，形成一个有利于三方共享的交流场所。20世纪60年代日本发起的乡村营造，保护了原来的艺人和工匠生产生活的空间，从那时延续至今使得日本现在的传统工艺产品非常具有地域特色并且拉动旅游业的发展。这是中国设计师可以借鉴的事情，我们到乡下做一些事情，把乡村的工艺品进行传承再设计，通过商业的包装推广出去。比如郭家庄满族的剪纸、刺绣、八角鼓等民俗工艺品，均可以形成地域的民俗特色产品，通过旅游经济而使村民获益。

20世纪70年代日本掀起了"一村一品"运动，居民们是行动的主体，政府不下行政命令，不拿钱包办，不指定生产品种。所有一切都是自立自主、体现民意、独具创新。而政府只是在政策与技术方面给予支持，专业方面进行市场指导，一切行动由各社区、村、镇自己掌握，这就迫使各基层单位和广大农民放弃依赖思想，依靠自我奋斗。"一村一品"运动中，村里选择什么产品，由当地居民自己决定。同时"一村一品"不仅仅局限于特色产品的开发上，而且还涉及独特的地域、体育、文化等范围的多个行业。产品可以是一种也可以是几种产品，既可以是一种文化，也可以是一个民间节庆；可以是有形的，也可以是无形的，均可以广泛深入地挖掘。鉴此，郭家庄可以种植板栗、山楂为主的特色农副产品，严格按照生态、绿色、环保的指标形成自己的品牌优势。实施过程中最重要的是要通过几个方面得到效益：最能体现出当地特色优势，能较大分量地占领消费市场；通过产品质量保证经济效益优势，从而促使产品获得高度的声誉。如此相互呼应而形成一个良性循环机制。

另外，现在郭家庄的环境没有任何标志导示，我们还是要着手解决村庄的导示设计，比如在村公所、游客服务中心、医务室、传统大宅院建筑（地主老宅院）、小卖部、厕所等这些建筑当中做一些导向标识设计，这也是一种交流的问题，因为人们是通过标识、路标来找到方向。在做室内设计的时候也是去利用一些空间为人们服务，主要问题是在某种建筑物当中如何去给人们指向。比如，传统大宅院内部的导示、混合空间建筑的区域功能导向、各建筑空间的功能，这也是在做室内空间设计的时候应考虑到的问题。通过空间或者三维元素的原则进行设计来展示室内的元素，但是通过二维形式平面导示的设计，即二维的符号或者地图平面的因素进行设计。通过平面图形表达，外面来的客人一目了然。在村庄里行走就看到比较清楚的标识，而室内多功能的混合空间中设计的作用也是非常重要的，可以更好地给人们清楚地指明方向。同时在色彩运用上也做了一些研究，比如在室内空间设计的时候如何更好地指引人们，这里不仅是标识导示，而颜色也很重要，这样人们看到某种标识或者某种颜色就知道这是什么样的区域，马上就知道这个区域是什么意思，该怎么走了。比如，色彩鲜艳、丰富多彩的就是儿童活动空间，古色古香的应该就是唱戏空间场所。所以除了这些标识还应该使用一些色彩，来作为气氛渲染，使它更符合、更靠近所指向的空间文化功能。

三、总结

这次参加2018创基金四校四导师实验教学课题，从开题到中期答辩直至终期结题答辩，都得到了很大的收获。这课题活动聚集了中外19所高校的教授还有企业优秀实践导师，学生在开题和中期答辩中都得到了教授导师们的指导，针对方案指出了不足并且给予了许多建议。同时答辩过程中学生之间可以相互学习、取长补短，特别是从中央美术学院、清华大学美术学院、匈牙利佩奇大学的同学中学到了许多优秀的理念和专业技能，这些就是创基金四校四导师实验教学课题的特色长处。通过这次课题，促使了师生面对郭家庄美丽乡村改造设计方方面面问题的思考：这样一个村庄在改造过程中，被忽略了的原住民的基本经济来源及文化娱乐空间和旅游商业空间之间对峙局面的情况下，缺少了关乎村民民生、文化精神空间的设施，促使我们更加致力于传播社会价值导向下的设计策略，从中明确了如何从政策层面积极地介入到美丽乡村的改造当中，实现国家乡村振兴的时代使命，这就是参加这次创基金四校四导师实验教学课题活动最根本的收获，也是最有价值的地方。

当然，这次课题活动的收获是多方面的，首先是开阔了学生的视野和设计的思维创意能力；其次，同时能够与名牌高校学生同场竞技，互为对手，相互竞争，既是对手又是朋友，相互学习，相互启发，相互提高；第三方面是对设计图纸的专业规范性有了很大的认识、理解与提高。

创基金四校四导师实验教学课题从当初的4所高校发展到上一届4×4的16所高校，而今年第10届已经发展为19所高校，这足以说明创基金实验教学的实用性，更加显现出其强劲的生命力，充分体现了众人拾柴火焰高的盛况。实验教学课题活动是纯粹的公益事业，惠泽了中外高校广大师生。整整10年十届，所有的一切工作事无巨细，从课题确定到教学教案撰写，到每一次活动的流程、课题的总结、成果的出版等这些所有的全都是王铁教授一个人完成，这充分体现了一种高度的责任心以及伟大的奉献精神。实验教学课题能够坚持到整整10年真的是不容易，衷心感谢王铁院长！还要感谢当初课题一起的发起人清华大学美术学院的张月教授、天津美术学院的彭军教授。

最后，祝创基金四校四导师实验教学课题下一个十年再创辉煌！

知识与实践型人才培养教学模式研究
Research on the Teaching Mode of Knowledge and Practical Talents Training

吉林艺术学院/刘岩 副教授
Jilin University of the Arts
A./Prof. Liu Yan

摘要：创基金"4×4"实践教学课题是架起院校与院校之间，院校与企业之间的互动交流，从多角度培养知识型与应用型人才教学模式的研究与实践，打造校企合作共赢平台，建立高质量的院校之间、院校与企业之间的教学联盟体系，解决知识型与应用型人才的转化周期。贯彻落实教育部培养卓越人才的落地教学方式，为企业输送更多的合格青年设计师。高校环境设计专业"4×4"实践教学课题平台的建设与改革，有助于培养学生艺术设计与创作方面的专业知识和专业技能的创新思维，使学生具有创新能力和设计实践能力，能在艺术设计相关工作部门从事专业设计和管理等方面的工作。通过课题教学平台使学生与实际工程项目进行对接，把相应的理论设计思想联系实际，为学生创新、创业能力的培养奠定坚实的基础。

关键词：创新；实践；联盟体系

Abstract: The topic of "4×4" practice teaching is to set up the interactive communication between colleges and colleges, colleges and enterprises. It is also the teaching model to train the intellectual and applied talent from different way. To built a win-win platform for cooperation between colleges and enterprises, to establish a teaching alliance system between high quality colleges and enterprises, colleges and colleges, and to solve the transformtion cycle of knowledge-based and applied talents. To carry out the teaching method of training outstanding talents in the Ministry of Education, and to send more qualified young designers to enterprises. The construction and reform of the "4×4" practical teaching platform for environmental design major in colleges and universities will help to cultivate the creative thinking of the students' specialized knowledge and skills in artistic design and creation, and make the students have the innovative ability and the practical ability of design. Be able to work in the related department of art design in professional design and management. Through the subject teaching platform, the students are connected with the actual engineering projects, and the corresponding theories and design ideas are combined with the practice, which lays a solid foundation for the students' innovation and the cultivation of their entrepreneurial ability.

Key words: Innovation; Practice; Alliance system

一、课题背景

1. 转型中的社会形势

我们生活的世界在社会动力的推动下，正发生着迅猛的改变，人们挣扎着追赶社会前进的步伐，在对未来的掌控上显得力不从心。这些改变无不影响着从能源到交通、从食物到健康的各个生活领域。在西方的历史上，每隔几个世纪社会就会出现一次急剧的转变，在短短几十年中彻底改变社会的构成、主流世界观、基本价值取向、社会和政治结构、艺术形式及其主体制度。每隔50年，人们面对的可能就是一个全新的世界。作为个体，我们的生活日益便捷，选择也越发多样，人们追求以更小的物力来获得更高的生活质量。"速度"似乎才真正迎合人们的心意，在未来难以琢磨的情况下，把握"今朝"要容易得多。社会结构不断进行着瓦解和重生的新陈代谢，教育的结构也越发多变，但同时，我们却有了比以往任何时候都丰富的渠道来联系更大的社会关系网，利弊兼存。在当今纷繁的世界中，曾经主导我们传统生活的思维方式如今已难跟上时代的步伐，我们应该有效地抓住机遇，要有急迫感和危机感，掌握科技，创造省时高效的方法。现代科技解放了人身束缚，但同时我们的身体、思维方式也在这样的生活方式中开始出现压缩。于是快节奏的生活方式成为了悖论，这绝非可持续的发展道路。

2．接触和理解领域内相关动态

目前全国1850余所大学中仅开设设计艺术类专业的院校已逾千所，其所占比例远远超过其他艺术类专业，同类学位点也有了明显增长。其中景观设计作为设计艺术中的一个新兴的学科，劳动部公布了继室内设计师后的景观设计师这一新职业。景观设计专业已被列为社会发展急需的专业；环艺设计、景观设计已成为企业或所有建筑工程领域中都具有的一种决策活动；已成为衡量一个城市、一个地区、一个国家经济文化竞争力强弱的标志之一。这种发展态势，也表明我国设计艺术意识的普遍提高。

国家发展的重中之重是建立可持续人才战略的链条，在相关政策和精神的鼓舞下，各行各业都在有条不紊地实施培养卓越人才培养的计划。国内建筑院校、美术院校、艺术院校的学科建设和教学体系不同，风格不同，特色不同，教学重点不尽相同，在教学过程中进一步认识到要培养优秀的应用型人才怎样融和现状，以适合经济发展需求。培养学生建立高素质"无界限"式的发散型创造能力，即具有良好的空间设计修养素质的新教学理念。在提倡生态低碳设计的当下，学会如何运用综合思考，搭建学理化的可控理解能力，多角度分析设计条件，强调师生互动，调节技术与艺术的恰当结合，创造出好作品。

3．教育与时代的关系

中国的发展速度让世界都震惊，中国教育的步伐紧跟其后，环境设计专业是时代和社会都非常需要的行业，更加应该认识到严谨的教育与人才质量的重要性。对于教者与学者来说质量是不可逾越的红线。环境设计专业归纳为建筑与景观、风景园林、室内设计、陈设艺术几大主业方向。理论与实践教学也不是现在才有的话题，树立正确的学术态度教学指导，落实确实值得研究的课题。坚持客观的评价，尝试多角度地研究、分析教与学的关系，使教学研究投入到理性的实践教学中，找出一条教学主线，让理论在实践中发挥作用，切实地完成高质量的人才培养。通过经年的教育经验，发现学生在校期间的知识学习在今后实践工作的转型过程周期过长，说明教与学的环节知识与应用的过渡有待改善。让学生在学校期间清晰地认识什么是环境设计，怎样学好环境设计，怎样培养环境设计思维及技能，明确环境设计师的社会、岗位职责，明确环境设计专业前景及学生在环境设计行业中的自我定位。引导学生统筹安排大学学习生活，列出系列的学习计划，合理安排学习、工作、生活时间，有效利用课余时间拓展教学课程以外的设计思维理念及专业表达技能，为日后步入工作环境奠定良好的基础。

二、国外环境设计教育领域的基础

通过参加六年课题学习发现，境外相同设计院校设计学生的科学创造力明显比中国学生的科学创造力强。除了文化传统的影响，在教育方面，专家认为注重探究、设计创意活动、重视获得知识的过程是境外相同设计院校设计学生创造力突出的重要原因。另外，美国设有专门的"创造教育基金会"，也有相当普遍使用的创造性潜能的专门测验，以及在学校里开设的开发学生创造力的专门课程和渗入具体学科的创造性教学模式。我们的近邻日本，20世纪60年代日本经济腾飞后就提出口号：学校培养的人才应从模仿型向创造型转变，这对提高学生的创造力起着重要的促进作用。

1919年格罗皮乌斯为包豪斯制定了一个革命性的方案，其核心是艺术家，造型设计家和建筑师共同教学，工作和实验，使学校具有跨专业的特征。依此思想，他聘任了来自许多国家的艺术理论家，造型设计师和建筑师共同教学和研究，因而取得了世人瞩目的成就。

三、课题需解决的关键问题

1．课题研究的主要内容

本课题以环境设计专业为研究点进行深入研究，使学生充分了解环境设计行业发展动态，通过系统的课题教学实践，使学生可明确在大学期间必须掌握的专业知识及技能，了解未来工作环境模式、工作岗位职责要求、合格的环境设计师所必备的设计师职业道德标准要求。通过院校与院校之间的互动交流及学习，学生可以合理规划未来的学习生活计划，消除学生在大学生活中所产生的环境设计教育盲区，明确一名合格的环境设计师所必备的专业基础知识及专业表达技能，除了必须熟练应用具备专业设计表达的基本能力，如设计制图标准、设计规范及流程，还更要明白培养出具有独立研究能力的学生重要性，开发学生创新、独立思考的思维模式。

图1　中央美术学院王铁教授在匈牙利佩奇城市中心广场做课题现场会议部署

图2　吉林艺术学院师生与中央美术学院王铁教授、匈牙利佩奇大学阿高什教授合影

2．课题研究方法

（1）聘请国内外院校的教授专家参与课题实践指导，在环境设计教学中整合工科院校与艺术院校的知识点。聘请国内环境设计院工程师及设计师进行教学互动学习，在教学中以专业设计院的实际完成项目案例为教学案例，充分将专业理论知识融入其中，使学生更加明了各学期所学课程的必要性及在项目实施过程中的作用。带领学生到项目现场调研，了解相关设计院、设计公司及企业的工作业态，切身感受未来所从事的行业工作环境。

（2）从宏观的方向去考虑研究环境设计教学，在教学中除注重表象的表现技法、设计理论等，还需增加个人修养、学习环境设计师职业道德标准等来提升学生的个人素质。

（3）教学实践课题过程中引导学生寻找适合自己所选专业大的方向和道路。增加学生的自信心，规划出未来学习的个人计划。

图3　吉林艺术学院刘岩副教授在课题展览现场　　　　图4　吉林艺术学院师生在匈牙利佩奇大学合影

3．课题确立明确的专业发展方向与就业目标

专业学生分为室内设计、景观设计两个方向，分别有自己的特点和不同的就业去向。可以结合各专业和学生个人的特点、兴趣、爱好等，为有能力的学生提供精研某一方面的机会。引导学生根据专业的具体情况，进行职业分析，确定其具体的知识、能力结构和职业素质要求，将专业培养目标进一步具体化、个性化，使专业与社会职业群的内在联系及教育过程与职业活动过程的内在联系显现出来，以增强其适应性和针对性。在完成普遍的教学目标的前提下通过深造、再教育等途径进行个性化培养。

4．课题强调职业岗位技能和职业精神培养

学生实现就业所必须培养的"硬"技能，职业意识和职业精神则是"软"技能，软硬技能都很重要。课题研究使学生尽快完成从大众教育向精英教育的转变，走向职业技能和职业精神并重培养的发展方向，相应增加职业道德和职业意识教育，真正实现为岗位教育的人才培养目标。加强职业精神和职业岗位技能，使学生直接参与到人才培养目标的实现过程中，提高培养效果。

5．课题培养学生成功创新思维的关键特征

创新思维是环境设计教育持之以恒的教育方向，从学校到社会的转型，研究生从开题到毕业论文答辩都以创新思维为主，因此加强学生的创新能力成为提高学生研究能力的重要因素。设计师最基本的语言和交流方式就是"图"（包括施工图、效果图表现、手绘草图等），没有过硬的手头工夫就不能成为设计师，但是设计师不能成为工具，要作为具有独立思考、创新思维、研究能力的专业、行业精英，最大特点就是对学生的创新思维进行培养。艺术院校的学生规范化的基本技能的强化训练等，不光是技能的训练，更是对学生创新能力的培养。而对一个设计师来说，这种创新能力的培养并非一两年就能成，而是需要毕生努力的。应从其入学之日起到毕业之时都要不间断地进行创新能力的培养。只要能切实做到这点，改革传统的教学模式，在教学中真正做到以学生为主体，教师以引导为主，以科学的课程设计对学生进行系统训练，就能达到社会需求的目标。企业都是以生存与盈利为目标的，所以学生必须要具有使用价值。总之，创新能力培养是一项系统工程，要通过多方面来提高学生的专业知识和实际操作能力，提高环境设计专业学生的就业能力。

6. 创新成功的关键在于为改革创造最佳的条件

文化和技术伴随着社会的发展而发展，是影响设计价值的关键要素。与标准程式及其创新手段比起来，课题组教师团队的凝聚力和影响力至关重要。针对课题研究总结系列创新研究的方式、方法和手段，值得我们学习和借鉴；挑战以提高学生创新能力、研究能力为出发点，尽力去改变传统的教育模式，为老师和学生同时提出标准，教学是漫长艰辛的过程，要挑战每个人的极限。

（1）倾听

从多种角度出发，考虑革新所要面对的挑战和阻碍、动机和驱动力。提升认知标准、审美标准、道德标准。

（2）对策

设计必须符合人们的价值观念，设计的多样性来自于生活需要，将问题化繁为简，但不可忽视或过于简化设计和社会背景因素，在了解社会核心价值和个人核心价值的前提下，分析人的需要，从而影响人的生活。

（3）合作

与其他实力院校、机构合作，组建跨届教师团队，设计师与技术人员、市场营销团队、工程师、市场调研机构等相关方面形成协作机制。

（4）信任

树立良好的纪律来确保改革创新、课题教学能够顺利进展，但同样要为创新团队留下足够的自由空间。

（5）行动

观察设计教育领域的业内生态，辨明行业的驱动力和阻力，同时告诫自己采取合理的风险控制措施。

（6）学习

观察业内典范，评估行业现行的理念和模式对设计师、商业价值产生的影响，获取最佳的创新效果。发现需求和价值的调查方法，使用调查工具来评估设计构想和概念。

随着社会发展，人们的生活越发多变；随着经济的发展，设计行业的机遇也是多变的。设计师作为独立体，机遇和风险并存，要改变自身去面对挑战。凭借有限的专业知识和传统的教学模式，教育体系在应对当下的需求时唯有创新，简而言之，设计教育处在转型的社会发展中。然而，正是这样的发展时期才为我们创造了改革和创新的大好机遇。

四、通过设计思维识别价值、通过设计语言传递价值、通过设计技巧发现价值

创基金"4×4"实践教学课题以定向研究生课题教学指导、通过分析参与课题的过程，研究出了一套环境设计专业知识与实践并存型人才培养教学的创新模式，并以这样的设计思维和技巧来定义和执行课题研究过程。创新范围涵盖从研一到研三的所有可能对象。教学制定实践课题项目从前期开发和商业策略制定到后期设计成品和品牌传播，无论是短期或是长期的战略活动，都可灵活运用这一创新理念。

新能源和材料的诞生及运用为设计带来了全新的发展，设计的内部和外部环境发生了变化，市场的概念应运而生，消费者的需求，经济利益的追求，成本的降低，设计的受众、要求和目的都发生了变化。设计需遵循若干原则才能塑造出系统性的解决方案，驾驭社会、交互、环境和政治等诸多因素，依据设计原则，规范对人、空间和各种动因进行恰当组合。动因可能包括科学技术支持、服务等要素，社会人文以及声、光等环境元素。设计师、学生需要介入项目的调查阶段，从而能够在设计的过程中理解参与方的切实体验，在保留原有设计概念的前提下将这些需求转化为解决方案，为设计做指导。设计师更应该通过组织跨学科学习进行综合研讨，从中发现可

能的问题环节，然后将构思和精力集中在这些环节之上，进而改进、完善设计，得到完善的设计流程体验。

每一位设计师都兼具艺术家与商人的双重身份。无论是拥有自己的设计工作室，企业设计师，抑或作为兼职的自由设计师，他们的这种特质包含在设计实践的各个方面。设计师必须具有持续而旺盛的创新能力，同时还要具备商业素质。"无论是被扣以商人的帽子，还是被冠以艺术家的头衔，都不妨碍设计师对概念与创新的追求"，基于概念的创新不局限于任何形式，能跨越任何设计的载体，有些设计的任务是创造独一无一的产品，有些项目则要求具有独特的逻辑分析或提供清晰的评估方法，无论是哪种情况，设计师都需要对设计项目进行评估、分析与构思。

五、结语

发达国家发展的实践表明，设计已成为企业以及国家制造业产争的核心动力之一。尤其是在经济全球化日趋深入、国际市场竞争激烈的情况下，产品的国际竞争力将首先取决于产品的设计开发能力。环境设计教育行业正面临着剧烈的变革，在这样的背景下，巨大的变数也为创新和变革创造了新的契机。课题教学的创新行为将会有助于理解正在变化的设计教育业态，确保创新能够经受未知变化的挑战；让环境设计专业的学生参与创新设计过程，以此提高决策方案的价值并准确地发现需求、问题和价值；进行实地调研，增强跨学科创新团队的信心、理解和参与度；多方位综合利益相关方、环境、经济和科技的不同研究结果，可建立环境设计教学创新的完整框架；用设计思维来分解复杂的综合问题，用设计技巧来发现创新的机遇；将抽象的认知转化为有形、可感受的设计命题，用设计品质来保证人的需求得到充分满足；促成大胆开放的创新心态，为学生留足够的空间，使学生能够享受自由创造的乐趣。

中东欧山地建筑空间形态比较
Comparison of Spatial Forms of Mountain Architecture in China and Eastern Europe

青岛理工大学 艺术与设计学院环境设计系，艺术与研究所所长/贺德坤
Art and Design School, Department of Environmental Design, Qingdao University of Technology
Director He Dekun

摘要：本文通过实地考察，以匈牙利佩奇市的山地建筑为例，运用类比的方法，归纳出东西方山地建筑在形态上的重要区别，及各自空间形态中所蕴含的不同文化内涵与营造范式，对融贯东西方优秀的山地环境营造经验，以国际视野着眼山地建筑方面的研究具有重要现实意义。

关键词：山地建筑；空间形态；山地观；范式

Abstract: This paper, based on fieldwork, taking mountain buildings in Pécs, Hungary as an example, and using the method of analogy, summarizes the important differences of shapes and forms in Eastern and Western mountain buildings, and the different cultural connotations and constructing paradigms contained in their respective spatial forms, which is of great importance for a comprehensive study of the constructing experience in remarkable mountain buildings both in West and in the East, and for studying mountain buildings from an international perspective.

Key words: Mountain buildings; Spatial forms; Ideas about mountains; Paradigms

古人云，"三山六水一分田"，山地自古以来与人类结下不解之缘，"上古穴居野处"中的"穴居"场所就是山地。而山地建筑就是文明产生发展的主要载体，纵观古今中外，山地建筑在历史长河中，曾扮演"筑城设防、抵御外敌、信仰所、栖息地"等重要角色。然而，随着社会的快速发展，城市开发与建筑活动逐渐趋向平地，山地成为"偏僻、落后"的代名词；同时，由于城市化进程中人们对山地建筑的特殊性认识不足，导致山地建筑形态的美学个性和地域特性逐渐消失；再者，全球环境危机的冲击下，"移山为平"、"乱砍乱建"等破坏山地生态环境的建设活动使山地遭受严重破坏，生态环境失衡。这些现象在发展中国家尤为突出。作为世界最大的发展中国家，山地占据国土面积的三分之二以上，重视山地的开发和山地生态的保护是关系到治国固本的重要战略。在经济全球化浪潮下，发展可持续成为国际社会的共识，立足全球化背景，融贯中西方优秀的山地环境营造经验，以国际视野着眼山地建筑方面的研究具有重要现实意义。

1. 东西方山地建筑观

图1 东西方山地建筑（图片来源：作者拍摄）

图2 千户苗寨与佩奇山地建筑整体关系比较（图片来源：作者拍摄）

同人类所有建筑活动一样，山地建筑的形成和发展离不开环境，"人与自然"的关系是把握山地建筑观的首要部分。即在如何利用自然以及人类精神同大自然的关联层面的问题，由于地域、民族、文化与社会政治、经济发展的差异，从而演绎出不同的东西方山地建筑观。西方自然观强调人的主体地位，强调生命的价值是在征服自然中得以实现的；而东方自然观则强调天人合一，强调生命的价值是在迎合和接受自然的启迪中得以实现的。

中国人讲究"天人合一"，以"自然"为本，形成了崇尚自然的东方山地观；在中国人的思维里，自然是一种极其神秘的东西，人在自然中所处的地位是从属的、次要的，所能做的只是尽量去理解自然、接近自然。于是，在对待山地问题上，东方人的出发点是对自然环境的充分尊重，表现较多的是对山地的因借、利用，不主张过多采取人为改变手段。

而西方文化则推崇人本主义，形成了"以人为中心"的西方山地观。西方的宗教让人们盲目地相信人具有绝对的神性和权力、人与自然是分离的、人可以任意支配和征服自然。这种强调"以人为中心"的自然观，反映在西方山地建筑上，把人体规律作为审美标准来度量，建筑形态追求与人体相似的比例关系，表现出人定胜天、以征服和改变自然为出发点的山地建筑观。

2. 中西方山地建筑形态特征

从比较逻辑的角度看东西方建筑形态，西方更加注重"形"、重"显"，注重山地建筑物的个体造型与特征塑造；中国人注重"神"、重"隐"，注重山地建筑物群体逻辑与意境营造。

图3 东西方山地建筑地接及入户形态关系比较（图片来源：作者拍摄）

考察组通过实地调研，发现匈牙利佩奇市传统山地建筑在形体组合上，常表现为强烈的"个体化"、"几何化"特征，通常将建筑造型分成规则几何形体，按照一定的古典美学法则组合在一起，如同西方写实油画一样，不错过任何一个细部特征的塑造。在处理建筑与山地关系方面采用"硬碰硬"的手法，强调建筑本身的完整，场地设计上采用几何分级，层层台地或者自然缓坡。佩奇山地建筑竖向常采用缓坡式退台处理，外部采用连续古典建筑立面，以多层为主，造型独立完整，强调转角、三段式、立面装饰等；内部则采用不同标高的院落台地消解高差，内外空间通过开敞式坡道连通。

图4 东西方山地建筑街道天际线对比（图片来源：作者拍摄）

城市街区广场"外坡内阶",坡路与台阶有机结合,沿街商业网点常与坡路平接,通过建筑内部处理高差。同时利用高窗采光的地下室是西方城市沿街建筑的典型特征。这些山地建筑处理方式与整个城市道路交通、城市排水、城市广场、城市地下空间以及城市景观等形成完整有机的立体空间系统。

图5 东西方山地建筑与场地环境关系对比(图片来源:作者拍摄)

西方山地住宅强调建筑的独立性,与山地硬碰硬,集中处理高差者居多,充分接地,基面清晰,讲究几何体量,山屋相离,一般"饰式为三"(三段式、三层级)等。

在中国,山地建筑讲求因借,因地制宜,自由布置,注重空间层次关系。讲究"借天不借地"、"天平地不平",形态丰富。"借天不借地",在起伏地形上建造房屋尽量少接地,减少对地貌的损害,力求上部发展,开拓上部空间,如我国西南地区的干阑式建筑、吊脚楼和逐层悬挑的建筑等。

图6 东西方山地建筑结构对比(图片来源:作者拍摄)

东西方山地建筑范式比较模型　　　　　　　　　　　　　　　　　　　　　　　　表1

		东方	西方
形而上学	哲学观	天人合一、宗法	人定胜天、神权
	山地观	崇尚自然	以人为本
	美学观	"隐"、"神"、意境、装饰	"显"、"形"、写实、装饰
理式模式	空间形态	自然化、自由、具象	几何化、人工、抽象
	处理手法	架空、悬挑、吊脚、错落、层次	台地、轴线、竖向分级
	表现原则	不定基面、减少接地、山屋共荣	基面清晰、充分接地、山屋相离
表征	材料	木、砖、石	石、木饰
	色彩	单一	丰富
	组织	群体	个体

3. 对待历史的态度

匈牙利佩奇市对待传统山地建筑的态度,严格围绕"保持现状,修旧如旧"的原则,出现了一种"依墙而居"

的独特的建筑现象。古城墙沿山坡而建，顺应不同的高差顺势而下，反映古人成熟的山地营造技艺。这条穿越时空的空间线索和建筑景观元素，有力地折射出佩奇对待传统山地建筑的历史观。佩奇老城是一座活态博物馆，古韵犹存的老建筑、老街道就是这座博物馆里的"活化石"。城内主要城市中心是塞契尼广场，广场北侧，是土耳其人于1550年前修建的清真寺，当时是匈牙利最大的建筑。现在这座教堂不仅在整体上，而且在许多细节上都保留了土耳其年代的原貌，教堂进口处的祈祷壁龛犹面对麦加，后来改成天主教教堂，其绿色拱顶上的镀金新月，已用十字架代替。这是建筑史上少有的清真寺改成天主教教堂事件。拥有罕见的四座塔楼的佩奇大教堂位于道姆广场中央，已存在千年之久，大教堂长70米，宽27米，最古老的内殿是11世纪所建的，内有文艺复兴式的红色大理石圣坛以及壁画和雕塑。

城内最主要的两条步行街呈"Y"形从塞切尼广场延伸出去：一条是卡普塔蓝街，国家博物馆、巴洛克风格的美术馆、国家大剧院、asatine宫殿式酒店临街而立。18世纪时，这里曾是达官贵人的社交中心。另一条佛瑞斯赛克街，街区内中世纪的楼房底层是对外营业商铺，上层为里院式住宅、酒店或办公功能。砖石路上嵌着电车轨道遗迹和一座裸露着大理石池子和隔墙的土耳其浴室遗址，成为独特的历史景观，反映出佩奇对待历史建筑的肯定态度。

图7 佩奇市古城墙、建筑遗址（图片来源：作者拍摄）

古城墙之内为老城，之外为新区，山地人居主要集中在北区山间，建筑依山就势，顺应高差依次叠落。随着垂直高度的递增，建筑布局依次递减，山顶大片区域为森林绿地，山坡建筑主要为独立住宅，当地人特别注重建筑的传承与保护，多数山地独立住宅已有几代人的历史，建设之初已有职业建筑设计师参与设计工作，特别注重私密性和独立个性，比如有的建筑沿路布置，突出建筑的外显美；有的建筑藏在里面，注重前区沿路坡地景观庭院的打造；有的建筑若隐若现，半景半墙。这些"各司其政"和"五颜六色"的坡地建筑单体，因为有垂直分级的总体规划设计和相对统一的坡屋顶以及各处突出位置设置的小型教堂的竖向引领，并没有让整个山地建筑空间形态变乱，反而产生层次丰富、尺度宜人的山地建筑空间格局。

图8 千户苗寨与佩奇山地建筑自然关系比较（图片来源：作者拍摄）

建筑文明的进步和建筑文化给人以认同感、身份感和归属感。建筑文明可以全球通用，建筑文化不但不能通用，更需要保存、保持各地、各民族的特色，令全球文化多姿多彩，持续发扬各民族特色，保持建筑文化的多样性。不同的建筑形态映射出不同的社会文化内核，从农耕文明向工业文明转化的今天，城市化进程日益加剧，面临的城市问题日益突出，佩奇对待历史传统建筑的"不改变原状、保存现状、修旧如旧、保护风貌"的态度，对我们现阶段所面临的诸多问题提供借鉴和思考。反观中西方对待历史建筑的方式，对待传统与现代山地建筑设计的方式不应背上沉重的历史包袱，也不宜完全搞出脱离历史文脉的"奇奇怪怪的建筑"。

综上所述，山地建筑的出发点是协调处理人与自然之间的关系，东西方文化中不同的自然观形成了不同的山地建筑观。随着可持续发展理念为核心的自然观被普遍认同，当代山地建筑的研究及设计也呈现出新的特点，即注重与自然环境协调发展，并作为营造人居环境的重要组成部分，逐渐成为一个更加科学理性的学科。在这种从人文艺术向生态科学的过渡中，东西方的山地建筑设计不仅延续了对各自文化的诠释，更逐渐成为可持续发展理论的载体，呈现出共同的发展趋势。

4．兴隆县郭家庄山地建筑设计特征与第十届4×4实验教学课题

2018创基金4×4实验教学人居环境与乡村建筑设计研究课题选址于河北省承德市兴隆县郭家庄满族村，来自国内外19所著名高等院校的师生和社会名企、名导参与此次实验课题，得到了兴隆县政府的热情欢迎和充分支持，本次课题选址于山地地貌特征明显的兴隆县郭家庄，结题于东欧山地特色城镇匈牙利佩奇市。二者一东一西，反映出不同的山地建筑营造观，课题团队亲历两个截然不同的时空环境中，充分体验到东西方山地建筑空间形态的明显差异，受益匪浅。

最后，引用余秋雨先生的一句佳话：美学的至高境界是人与自然的默契。本次研究用比较的方法对东西方山地建筑形态进行了感性与理性的对比论述，借助4×4实验教学课题的资源优势和团队力量，充分吸收各组课题项目不同的研究维度和视角，将本人的研究焦点聚焦于东西方山地建筑比较研究当中，希望能对当下山地人居环境与乡村建筑研究有所贡献。

图9　2018创基金4×4实验教学人居环境与乡村建筑设计研究课题 兴隆县选题（图片来源：课题组拍摄）

图10　2018创基金4×4实验教学人居环境与乡村建筑设计研究课题 匈牙利佩奇大学结题（图片来源：课题组拍摄）

参考文献

[1] 金景芳．周易·系辞传．辽宁：辽海出版社，1998.
[2] 卢济威，王海松．山地建筑设计．北京：中国建筑工业出版社，2001.
[3] 钟华楠．建筑创作：大国崇洋——论建筑文明与建筑文化．北京：中国建筑工业出版社，2010.
[4] 余秋雨．文明碎片．沈阳：春风文艺出版社，1995：314.

教学之外的思考
Thinking Outside of Teaching

曲阜师范大学/梁冰 副教授
Qufu Normal University
A. /Prof. Liang Bing

摘要：环境设计实验教学是课堂教学的有效补充，通过参与4×4实验教学，把设计理论落实到实践项目当中，发现教学内与教学之外的问题。环境设计人才培养不仅要注重课堂知识的传授，更要从培养正确的设计价值观、认真扎实的调研、服务社会的态度出发，才能培养出具有独立思考能力和创新设计能力的优秀设计师。

关键词：实验教学；设计价值观；设计调研；服务社会

Abstract: Experimental teaching of environment design is an effective supplement for classroom teaching. Through 4×4 Workshop, the design theories put into practice, and problems inside and outside of the classroom come to light. Talent cultivation of environment design should not only pay attention to imparting knowledge, but also cultivate positive values of design, make careful research and develop the attitude of serving the society. Only in this way can we develop excellent designers with the capability of independent thinking and innovation.

Key words: Experimental teaching; Values of design; Design investigation; Community service

4×4实验教学活动十年的坚持，从四所院校几十个学生参与，发展到中外几十所院校、几百名师生，自青涩至繁茂，终至成长为当今设计教育界的奇观。4×4实验教学一直坚持的多校联合、校企联合共同教学的方式，将环境设计课堂教学延伸到更为广阔的社会实践，补充了课堂教学的不足，拓展了教学研究视角。2018年的实验教学设计课题围绕着河北承德兴隆县南天门满族乡郭家庄小镇展开，自三月调研开始，两赴现场，两次汇报，至佩奇大学终期答辩历时半年时间，从场地出发，通过调研、分析、综合，结合设计者对场地和设计对象独特的理解形成概念，将概念转化为空间形式，最终完成了设计的全过程，再一次完成教学检验。

我校参加四校四导师活动两年，师生收获都是巨大的。针对在活动过程中出现的问题，认真思考了日常教学中存在的缺点，及时进行调整，使我们的环境设计教学更加完善。相比之下，课程的调整、技术的掌握和设计理论的传授比较容易解决，但是面对当下如火如荼的乡村建设，高校是培养乡村建设主力设计师的基地，如何树立学生正确的环境设计价值观、培养其服务社会的意识，应该更加值得我们深思。

一、设计价值观

当前我国快速推进的新农村建设进程中，乡村建设的速度越来越快，不假思索、急功近利的建设活动随处可见，给原本淳朴安详的乡村环境带来不可估量的伤害。与地处偏远的乡村相比，交通便利的乡村的破坏性建设规模越大，速度越快，问题越多。如乡村主要街道改造成欧洲风情小镇立面，为追求整洁，公路沿线民宅统一进行墙面粉刷，房前屋后统一设置水泥花池，统一种植树木花草，在村庄进行整体包装的墙体彩绘，这种种建造，造价不菲，资金和人力花费高，后期维护却难以为继，三五年后沦为视觉污染而不得不重复建设。更为不可逆的建设性毁坏是不尊重乡村传统公共利益，迁移村民，随意拆建，增加城市化公共设施，建设城市化景观，用材料拼贴表皮，传统的空间尺度被破坏，乡村历史的空间肌理被抹去，导致传统风貌丧失。以上种种建设，较少关注村民的生产生活需要，忽视乡村的地域文化特征、生态环境特征和可持续发展的可能性，把乡村变成城市的赝品。

乡村建设需要在乡村中延续传统的公共利益。就乡村的公共空间而言，是维护传统乡村稳定的社会因素。在更新建设过程中，尊重传统的空间格局，加强保护传统乡村空间体系，以保持并强化空间的地方特色，这是维护乡村活力和传统风貌的手段。从村民和使用者利益的角度看待乡村建设，强调传统乡村的结构保存，维护乡村广场、街道、祠堂、庙宇、水井等公共空间，使用的便利性比视觉改善更为重要。

随着环境意识的加强和经济的发展，生态环境和文化环境保护越来越引起人们的重视，乡村建设的重点将会从简单粗暴的视觉效果改善转移到乡村环境的整体性保护和慎重开发上。信息的发达使得国内外的学术交流更为便捷，大量设计理论、观念以及设计案例可供参考和借鉴，如何根据国情、民情、地域文化、风俗习惯、经济状况，以及特有的行为方式和审美心理进行乡村建设，这对于环境设计学科来讲是一个全新的课题。这就要求我们的环境设计师深刻研究中国乡村的文化和审美心理以及现实的社会状况。从外来设计理论和案例中得到启发，从传统中汲取营养，传承中国传统文化精髓，兼取西方优秀发展成果，将其落实在设计教学过程中，应注意引导学生去发现和关注现实问题，鼓励学生提出不同意见，敢于质疑，树立正确的设计价值观，培养社会责任感。

图1　四校课题组导师国外答辩现场

二、设计始于调研

很多时候，设计师凭借审美直觉和经验灵感展开设计，缺乏实地调研和对设计对象的了解，不顾地块现实情况，或者把领导或投资方的喜好和利益作为设计主旨，忽略了使用者的感受，较少关注弱势群体的需求，从而使得使用者难以享受设计带来的便捷以及愉悦，此种现象在一些城市公共环境设计中表现比较严重。随着新农村建设速度的加快，这种缺乏调研、罔顾现实的情况也延伸到了乡村，笔者在山东某地处于丘陵地带的美丽乡村建设典范的考察中，见到用耐候钢做叠水，精心设计的景观因与当地环境特点和使用习惯格格不入而更像一堆工业废料，更有甚者，把民宿的室内外墙面、地面全部刷成白色，晴时阳光反射刺目，阴雨时房内和庭院满是泥泞脚印，以上现象都是因为缺乏对乡村的实地调研，把适用于城市的设计移植到乡村，不仅不能给居住在乡村的人们带来设计的便捷和享受，反而增添了许多的麻烦。

环境设计是要解决"人、建筑、环境"之间存在的问题，使其和谐统一，把设计师的创造性思维落实到具体的场地中去，需要一个对具体问题具体分析的过程。实地调研建构理论与实践之间的桥梁，是设计展开的第一步。对乡村环境特性及使用者的行为习惯和生活方式进行踏实的测量、分析，做深入细致的基础调研、缜密的分析研究和逻辑推演，认真解读政策、经济、社会、地域、文脉等因素，才能找到设计的依据，否则设计最终会沦为不切实际的臆想和追新猎奇的视觉表现而难以实施。

乡村实地调研可以分为行为与认知调研和物质实体调研。通过对乡村环境和村民的认识和研究，从感性认知开始，运用观察、深入访谈、问卷、观察行为、参与活动、摄影、文献资料和案例的分析等方法，就村民的日常生活、生产劳动、休闲娱乐活动等生活行为在不同空间和时间进行系统研究，收集、分析村民个体、群体以及环境信息，得知其行为轨迹、生活习惯、生活认知，研究其所需的空间和设施等设计内容，从宏观、中观、微观的角度逐步展开，得出乡村设计的重点。如宏观尺度的调研从自然资源、村落空间布局、公共设施 建筑组团、街道长度以及交叉口数量等方面展开，运用空间分析方法，对调研范围内的各项指标进行记录分析，得出的调研结果对于乡村肌理密度的发展有很重要的参考作用。实地调研得到的资料具有实地性、有效性、准确性和可行性等特征，因此乡村实地调研不可能是一次完成的，应贯穿专业学习的始终，具有常态化和持续化特征。

广泛而充分的设计调研可以提升设计质量和设计师的专业素养。运用专业的社会调研技巧及方法确保信息准确。通过调研加深对乡村空间的理解，获取主观感受，有利于发现问题。在真实空间中培养对设计问题的敏感度，引发设计思考和讨论，将这些问题带入下一步的设计当中并尝试解决问题。

三、设计是一种服务

早在20世纪50年代，乌尔姆设计学院就提出"设计不是一种表现，而是一种服务"的理念，把设计回归到日常生活的本质，不仅关注文化、审美、道德等精神层面的问题，更是一种科学、理性的分析研究，设计师把企业、市场和使用者之间连接起来，使设计与企业的经济利益和使用者的需求密切相关，而不仅仅是依赖各种艺术手段的表现。只有紧密联系实际，从现实的局限中寻找灵感，思考并提出实际解决方案，这不仅需要设计师的艺术才华，更要求设计师有广阔的实践和系统思考的能力，从多维度思考和多途径解决问题。

就乡村建设而言，今天的乡村不仅是原住村民的乡村，也是游客的乡村，是乐于在乡村安家的城里人的乡村，不同的生活方式、不同的审美趣味以及不同的心理需求，让原本人员构成单纯的乡村前所未有地复杂起来，设计所服务的对象也空前复杂起来，乡村建设的内容也因此而丰富起来。首先，常驻乡村的原住民以中老年人和儿童为主，在乡村建设过程中根据其生产生活特点改善乡村环境，提高他们的生活品质是首要任务。其次，乡村淳朴的生产和生活方式以及清新的自然环境，吸引着越来越多的城里人去享受、体验幽静自然的乡村生活，乡村的价值不再是单纯的农业生产，其生态、文化、游憩价值越来越凸显，乡村的人群构成和驻留的方式也多种多样，有城市居民周末短期停留，有中老年人下乡养生养老，有回乡人员置业安宅等，这需要提供相应的食宿和娱乐条件。面对此种乡村现状，乡村建设需要明确服务对象，满足以村民为主体的乡村多种人员的需求，改善乡村建设在交通、无障碍设计、公共活动空间设计以及服务设施设计等方面存在的诸多不足，以满足大多数人的需求。因此，兼顾驻留乡村人员的年龄、健康和安全需求，让乡村更加宜居、宜游，更具生活、生产、娱乐等功能和特点，成为当前乡村环境设计所应关注的问题。

乡村环境设计应该首先强调的是村民的客观需求，不能因为经济、政治等利益破坏村民的主体地位，否则会出现乡村环境城市化等现象。以乡村的公共空间为例，每个传统村落都有的宗庙祠堂、晾晒场、村委会、学校、仓库、廊道等公共空间，是乡村中亲密的人际关系体现，带有鲜明的乡村文化特征和地域特征，是乡村文化景观的重要组成部分。但是由于社会发展和生活生产方式的改变，许多公共空间已经废弃或者失去原有的功能，这在一定程度上破坏和削弱了传统的邻里关系与归属感。处理好乡村公共空间，使之成为当代乡村重要的休闲娱乐的去处，服务于人们日常生活需要，是延续乡村情怀、传达乡土化特色、增加乡村凝聚力的有效手段。美丽乡村建设过程中，设置了许多乡村的休闲广场来替代传统乡村的公共空间，但是通常照搬城市广场的模式，运用大面积广场砖硬化地面、架设生硬的游廊、增添彩色健身器械，不符合村民的生活和休闲习惯，没有给乡村公共空间赋予符合乡村居民的功能价值，与乡村质朴的环境格格不入，并不受村民欢迎，广场常年空旷闲置，座椅和器械老化破损，反而增加了乡村的萧条感。这种注重形式的改造设计，是缺乏村民主体意识造成的，是设计脱离服务的表现，并非个案。乡村建设对于我国设计界是一个新课题，认真研究乡村存在的问题，回到乡村生活的本质，服务乡村，将乡村美学和现代设计共融，创造新的乡村景观。

四、实验教学的意义

近几年的高校参与乡村建设的活动逐渐增多，围绕乡村问题，展开了多种形式的联合设计教学。选取某一典型片区或村庄为具体的研究对象，聘请拥有丰富实践经验的设计师和高水准理论研究人员以及政府官员组成指导教师团队，组织多所高校环境设计专业学生共同调研，在集中的时间里，针对目标乡村所存在的问题，提出解决方案，使各种项目和实践教学密切结合在一起，提高学生的实践能力，扩大思维能力。这种高校师生介入乡村建设的形式，肩负着设计师与专业教育的双重职能，加强教学的实践环节，开阔了科研视角。不仅推进着高校环境设计专业教学在时下社会问题中的调整更新，也将研究的视角投向乡村，吸引了社会对于乡村社区的关注与建设投入，对于乡土文化的保存和延续、设计服务社会有着深远的意义。目前乡村环境设计教学未有成熟的教学体系，相关专业所提供的人才是基于城市建设教育背景，重设计能力、专业训练，关注设计者视角，多从城市设计的角度对乡村进行改造设计，与真实场地条件及乡村现实的脱节，因此出现了乡村照搬城市化设计的现象。

4×4实验教学作为国内持续较长久、参与院校和人数较多的活动，近几年来把研究视角转向乡村，集合了各高校一线的教师和各地一线设计师组成导师团队，并与科研院所、设计公司、政府联合，通过一系列教学过程设计，让学生认识乡土环境，加深对乡土文化的认识，建立与乡村的情感，了解乡土建设的技能，多角度地融入乡村建设。对于设计教学在乡村地区的操作提供了理念、方法的支撑，有助于设计教学的调整改革，发挥环境设计在乡村建设中的作用。实验教学创建了课堂教学和技能训练之外的学习环境，补充了日常教学的不足，这是一种灵活的教学形式，在教学过程中，融入乡土教育的理念与方法，注重过程中直接体验和不同群体间的交流互动，使学校之间、教师之间、设计师之间、学生之间与村民之间等等不同群体的联系更为紧密，产生不同群体的思想碰撞，打破思维定式，与村民交流过程中，更真实地了解乡村问题、理解乡村价值的多样性和乡村建设当中的种种矛盾与困境，多方面的交流和对话使得问题更加尖锐清晰，从而更具有针对性，有助于设计的深化。实验教学是学校设计教育服务社会和扩大科研范围的探索。

农村地区长期缺乏文化建设，村民严重缺乏文化自信，乡村青壮年的迁移更使得乡村建设主体失语，许多乡村盲目推行城市小区设计模式，忽视了村民在物质与精神上的需求，这一切加重了乡村文化危机。实验教学在与乡村社区互动过程中，虚心向村民请教，了解当地的地理、文化情况，对乡村自然、文化资源进行梳理与整合，运用多种形式的交流与展示，帮助村民们换一种角度看待自己的村庄，唤起村民对于家乡的热爱，增强村民的文化自信，有利于延续乡村文化的建设、继承与传播，激发乡村活力，这是设计推进乡村建设的一种有效方式，有助于乡村的可持续发展。

五、结语

4×4实验教学就像一面镜子，把我们埋头苦教苦读的成果投射到现实中，站远了距离、放宽了视角，发现身处其中而不自知的问题，反思教学与学习中存在的问题。课堂上的理论和技能教授只是设计教学的组成部分，只有树立正确的设计价值观，深入乡村，了解并尊重以村民为主体的设计对象，认识乡土文化的价值，避免追求新奇、玩弄概念，避免过分注重空间模式和形态建构，避免忽视基本的乡村生活和人文环境，把乡村建设变成自娱自乐的表演。要强调对真实乡村的整体认知，乡村的产业形态、社会形态、空间形态、文化形态共同构成完整的乡村，通过踏实的乡村调研，发现真正的问题，认识到今日乡村与以往乡村的不同，树立设计服务社会的责任感，培养学生乡村建设的能力。

信息的发达与技术的进步使得应试教育下强化培养知识的记忆能力没有太多的价值，各学科不断融合、进化、更新，尤其是面对当前全新的设计课题，没有太多的先例可供遵循，更需要进行多学科的涉猎，加强知识的融合与运用，进行多种角度的思考和看待问题，无论是课堂教学、工作室教学，还是实验教学，都是针对新问题进行多种教学模式的探索，以适应当前飞速发展的社会需求。每年的4×4实验教学课题结束，都带着满满的收获，有有形的也有无形的，是上一年的教学总结，也是对未来一年的期许，是一个课题的终结，也是思考的延续。

设计教学的延续
Continuity of Design Teaching

苏州大学 金螳螂建筑学院/钱晓宏
Golden Mantis School of Architecture, Soochow University
Qian Xiaohong

摘要：2018年是"四校四导师"成功举办的第十个年头。有幸参与了两次的活动，看到的是硕果累累的成绩，是茁壮成长的师生队伍。回顾十年的活动历史，众位教授和实践导师的共同努力使参与的中外院校从4所发展为20所；从最初的本科生联合毕业设计，发展为以研究生为主的研究型设计人才培养项目；课题项目从内部空间设计延展到外部空间设计，以"新农村建设"为主题，结合规划、建筑、景观及室内的一体化综合设计项目。

"人居环境与乡村建筑设计研究"是多年来"四校四导师"的主题。基地一直在变化，设计者一直在变化，但设计的深度和广度在不断进步。这是教学课题模式从本科转化为研究生所带来的质的变化。理论的研究带动设计发展，设计的进步促进高等院校教学理论的落地与提高。

关键词：四校的发展；课题的延续；内容的深入；理论的提升

Abstract: 2018 is the tenth year successfully held by "4×4 workshop". Happily participated in two activities, see is fruitful results, is a thriving team of students. Looking back on the history of the activities over the years, the joint efforts of professors and practical instructors in the past decade have led to the development of the participating Chinese and foreign universities from four to twenty; from the initial undergraduate joint graduation project to the graduate-oriented researchoriented design personnel training project; from the interior design to the "student design" project. "New rural construction" as the theme, combined with planning, architecture, landscape and indoor integrated design projects.

"The study of human settlements and rural architectural design" is the theme of "four schools and four tutors" for many years. The base has been changing, designers have been changing, but the depth and breadth of design have been improving. This is also a qualitative change brought about by the transformation from undergraduate to graduate student. Theoretical research drives the progress of design, and the progress of design promotes the landing and improvement of theory.

Key words: The development of four schools; Continuation of topics; Deepening of contents; Theoretical improvement

一、背景与基础

"四校四导师"实验教学课题起源于2008年底，由中央美术学院王铁教授与清华大学美术学院张月教授发起，邀请天津美术学院彭军教授共同研究中国高等教育建筑与人居环境设计，旨在打破院校间壁垒，坚持实验教学方针、落实培养人才的落地计划，改变单一的教学模式，迈向知识与实践并存型人才培养战略。十年来获得了国内外大学校长、学生乃至深圳市创想基金会的高度评价和支持，培养了大批合格的优秀设计人才，得到了社会、用人单位和各高校的广泛好评。

国家主席习近平2017年5月14日出席"一带一路"国际合作高峰论坛开幕式，并发表题为《携手推进"一带一路"建设》的主旨演讲，强调坚持以和平合作、开放包容、互学互鉴、互利共赢为核心的丝路精神，携手推动"一带一路"建设行稳致远，同日习近平主席分别会见了匈牙利总理等外国政要，将"一带一路"建成和平、繁荣、开放、创新、文明之路，迈向更加美好的明天。

在国家"一带一路"国际合作高峰论坛理念的鼓舞下,以高等院校4×4建筑与人居环境研究课题组为核心,研究院以高等院校和中国建筑装饰协会会员单位为基础,由中国建筑装饰协会设计委员会牵头架起交流平台,打造知名企业与高等院校共同设立的中国建筑装饰卓越人才计划奖,宗旨是为优秀年轻教师、优秀青年设计师、在校优秀学生提供研究项目经费,为"一带一路"沿线国家高等院校的设计教育学术交流合作创建基础。与政府合作搭建由名校与名企为主体的共享平台,提倡走向国际合作的可行性未来计划,为"一带一路"沿线上的国内外院校和地区架起桥梁,为社会和企业培养更多合格的设计人才。

图1 全体师生在佩奇大学合影

二、教学与设计现状

近20年是中国经济高速发展的20年,经济发展带来的是建筑行业的突飞猛进。与日本、德国战后的废墟重建不同,中国有着太多的城市肌理特征的保留和传统建筑的传承。但中国人富裕的速度太快了,也以最快的速度接受到了欧美现代城市建筑的魅力。看惯大杂院和粉墙黛瓦的人们想换换口味了,喜欢所谓的"欧式"和"摩天大楼",于是出现了中国建筑"大跃进"。

太多的城市拆除了传统的民居,破坏了城市的尺度和肌理,以面目一新的状态出现在世人面前。看看手机中的相册,如果没有高大的地标性建筑的话,我们是否还能分清所处的是哪一个城市呢?

当越来越多的"鸟巢"、"大裤衩"强势地成为城市空间的点缀时,近几年更多的设计师开始把眼光投向另外两个天地:"乡村"与"改建"。一旦抛弃了所谓的先锋与伟大的自以为是的形式主义后,这两片天地更能让设计师回归对设计本质的思考。

新与旧,本身就是一个矛盾体。如何把握旧建筑的"旧"与"新"的尺度向来是设计师们乐此不疲的讨论话题。而通过改建,重新塑造空间向来也是设计师的拿手好戏,所谓新与旧的对比、传统与现代的对话、质朴与华美的融合等标签信手拈来。但改造的最终目的是否只是为艺术家提供工作室、成为精品设计酒店或者变为某种"时尚"符号的场所?

跳出纯建筑学的概念,旧建筑的改造,"再生"的不应仅是建筑或者空间的本体,而更应该考虑其社会性。设计师是否应该思考,我们也许在旧建筑再生的同时,可以让社区、人文同样获得再生,通过建筑的改造去影响人和社会。

设计教学同样是这样，每年都会提出一个教改新的问题。随之而来提出一个标新立异、大刀阔斧的想法，带来的是之前教学架构和课程被推翻，重新摸索新的教学体系，并在还未成熟前再次经历上述被推翻的过程。"新"和"有特色"凌驾于实际的教学效果和学生的基础教学之上。

在匈牙利停留的这段时间，看到了很多优秀的建筑改造设计和优秀的学生作品，其本质都是对传统建筑和设计的尊重，将新与旧结合得恰到好处。

三、设计延续性问题的思考

匈牙利建国是在公元1000年，与历史悠久的中国相比，其历史文脉显而易见，但行走在佩奇的街道，驻足在塞切尼广场，漫步在佩奇大教堂景观平台，都能够从一块砖、一片瓦、一扇门中感受到匈牙利人骨子里对本民族文化、历史的热爱。身处这样的国度，你能真切地感受到这里的文化是一点一滴地孕育，一代一代地传承与发扬的，甚至让人觉得，匈牙利的空气中都有历史沉淀的气息。

之所以能够让观者有如此的感受，是因为设计师对传统建筑的尊重，这种尊重不是遥不可及，也不是无所依据，是匈牙利人民所拥有的信仰、学习姿态和发展意识。我们尝试着从以下几点加以说明和阐述。

（1）主与次，体量的思考

偶然一个时刻，误打误撞走到了佩奇大教堂的景观步道，竟然被这么一个简单的设计所震撼。以古城墙为基础的景观步道根据不同高度，大面积被设计为草地，平整的草地上以人视线朝向为依据设置了几张造型简约的座椅，依着古城墙为洞石材质的踏步，地面以夯土为基础铺设了很薄的一层黑砂。整个步道在高度上没有任何造型，极大地保证了教堂的视线优势。在观者看来，这样的设计将天际线全部交由古老教堂，一点也不占据其历史性，其简洁令人惊叹。不由想到，新旧建筑的交融问题在全世界设计师面前都是个值得认真考虑的问题，而今在匈牙利看到匈牙利设计师对于他们这座历史悠久的大教堂这样呵护，内心深深为之赞叹。

步道中间位置设计了一个景观台，以最为简单的造型，将观景、休息融为一体。但仔细品味之下，所用石材的分割尺寸、比例都极为协调，石材种类的挑选，恰如其分地呼应了传统建筑的历史感。因为历史遗留下来的遗迹多数斑驳，一些留下来的古老城墙、石料已经在岁月中侵蚀，为了关照这种岁月痕迹，所有新添的石材都进行了细心的分割和拼接。另外，钢丝网填充石块的做法虽然常见，在这里却将疏密做到了极致。然而又不仅仅是疏密，停下脚步驻足思考，你会发现石头的大小、色泽深浅都和这大教堂的景那么协调，那么愿意默默无闻地俯首在这座历史悠久的教堂脚下。

图2　佩奇大教堂景观步道　　　　　图3　从步道远眺佩奇大教堂

走在步道上，不禁感叹设计师是何等地敬仰这教堂而压抑住自己对于形体的创造欲望，使建筑在体量上的尊卑一目了然。

在细节处理上，设计者尽其所能地将传统、文化、美学规律发挥到了淋漓尽致的程度。

(2) 形与意，精神的物化

在整个建筑的发展历程中，不难看出，建筑的形式或者说是形制，是在不停发生变化的，即使在同一个民族文化传统下，形式随着历史的迁移而发展，但形式所要体现与反映的精神内涵是一致的。匈牙利的建筑以砖、石为主，保存久远，而门的形式则反映了不同时代工艺审美的变化。

通过比较，不难看出不同时代的门存在以下的差异性：

①现代的门形式更为简洁，多利用基本的几何形态加以简化；

②在构成关系上，传统门追求图形的均衡，而现代门的形式讲究构成的韵律与重复；

③传统门的细节体现在工艺上，而现代形式的门细节体现在构成关系上。

当然，综上所述，机械生产水平提高，人类的生活方式日趋快捷，与随之带来的审美观念的改变不无关系。但是在形式改变的表象下，我们依旧可以看到它们之间存在的设计意识的关联性。不仅仅是在材质上多以洞石、铁艺、木材为基本原料的做法，更是在形式上，现代门的形式、图形无疑是对传统门形式的简化与演变，两者就形式关联度来说，有很清晰的演化感。这种演化感是因为整个匈牙利文化传统、历史文脉的传承是未曾断裂的。其中或体现或隐含的文化厚重感，与形制美观性都被很好地保留和发扬了。

我们一直在探索现代和传统的区别，一直在思考两者之间应该是一种怎样的相处关系。继承和发扬的确是人们认同的理念，但是将视角缩小到某一国家，或是某一地区的某一座建筑上，这个理念应该怎样实施和演化，则要看这里的设计师的能力了。从我在这里看到的简简单单的门的设计，便在心里觉得，这个国度的设计师，对于

图4　佩奇大教堂铸铁门

图5　土耳其大教堂大门

这个问题的解答是值得称赞的。中国有个成语叫"神形具备",意思是一件事物,除了有形,在一定程度上,它还有神。"形"能显示视觉上的特征,而"神"能传达给人们心理层面的信息。匈牙利建筑中的门,让我读到了这个国家关于美的传承和对于美一以贯之的认同。

(3) 统与现代,生命的延续

从对于门的思索延续到关于这个国家新旧建筑的相处问题,更让我体会到在匈牙利,传统与现代的关系一定被设计师认真对待了。行走在匈牙利的城市中,随处可见历史悠久的建筑遗存,而这些建筑因为建造材料(石材)和建造方式(承重体系),大部分建筑至今仍在使用。在这些传统建筑旁边,是新建筑的填充或紧密相接。就这样一个街区一个街区地参观过来,让人不由感动于这些新建筑的面貌是如此可亲,甚至有些可敬。因为这些新建筑处处散发着一种对于与它毗邻的老建筑的尊敬和照应。

图6　街边现代建筑外立面1　　　　　　　　　　　　　图7　街边现代建筑外立面2

首先在材料上,这些新建筑总体上也是采用石材建造,并且在石料的分割、拼接和打磨上,都尽量与老建筑产生联系,而不是像国内看到的石材那样,都是相同规格进行堆砌建造。其次在新老建筑的尺度问题上,也有考虑。所有的新建筑高度要么是与原老建筑一致,要么就是比老建筑要低。另外,老建筑有强烈的时代印记以及与这个国家有关的文化印记,可以说,老建筑其实是代表了这个国家人民对于美的理解和美的信仰,其屋顶造型、门窗尺寸、形体比例都值得被尊重。因此在新建筑上,我们看到在采用现代材料和营造手法的基础上,基本延续了老建筑的尺寸模数和比例关系,具体体现在立面墙与外窗的关系上,也体现在新建筑的屋顶造型和材料的搭配上。

在一些改建建筑中,现代与传统以一种更为亲密的姿态共存,而我所看到的更是一种值得肯定和认可的共存方式。比如在一座老旧建筑的外墙加建栏杆,为了尽可能地削弱新材料对旧材料的冲击,设计师将栏杆最大限度地简化和消隐。

另外在这座老建筑的大门外增添一扇新的铁艺门也是如此,在运用现代工艺手法的基础上,创造出符合现代审美的简洁造型,但是又与该建筑的历史文脉相关。

建筑与其他艺术一样,是有自己的艺术生命的,建筑领域里,地域性也是个常被提及的词汇,因为一方的水土,培养了一方的文脉,进而形成了一方的建筑。如何让这种有生命的建筑进行延续,将是我们共同的责任和义务。

四、教学延续性问题的思考

在设计教学上同样应该尊重设计环境,注重设计的传承与延续,杜绝"哗众取宠"的做法。

(1) 本土肌理与文化的延续

从规划到建筑设计、景观设计和室内设计的立意、构思和环境氛围的创造，需要着眼于环境的整体、文化特征和经济适用功能等多方面考虑。故此，设计的前期调研尤为重要。针对郭家庄的具体设计，我们将调研环境分为三个层面：

宏观环境：自然环境；气候地理特征；自然景色；当地材料。

中观环境：城镇及乡村环境；社区街道建筑物及景观环境；历史文脉，民族风情，民居功能特点，形体，风格；当地经济发展，产业结构。

微观环境：居民行为模式；人群类别；功能需要。

通过调研，得到以下结论：

优势：地处兴隆山景区带，山水资源丰富，拥有得天独厚的景观条件；拥有得发展光农业、采摘农业的自然条件和土地资源；美丽乡村建设的不断推进使郭家庄村现有基础设施条件相对完善；村落整体空心化程度低，人力资源相对充沛，拥有发展转型的内在动力；满族特色的文化背景使得乡村旅游业结构层次丰富；已建成南天博院、影视基地，为乡村旅游文化创意产业打下良好基础。

劣势：郭家庄目前的规划体系零落，狭长的村形使得东村与西村连接度低；居于深山的地理位置使得乡村在工作日难以吸引周边城市中的游客；乡村旅游景观开发程度低，缺乏观赏游玩内容，缺乏旅游吸引因子；农产品类型单一、植物种类较少，农业经济发展不稳定；满族文化在发展的过程中被汉化，非物质文化传承面临威胁。

机遇与挑战：自2013年起，河北省推出一系列美丽乡村建设政策，对郭家庄村逐步实施环境综合治理与改造，河北省全域旅游规划将郭家庄村纳入兴隆山景区片区中，为郭家庄村休闲旅游美丽乡村建设提供巨大的发展机遇。但郭家庄所处区域范围内同类景区过多形成竞争，挤压了郭家庄旅游发展市场，也为郭家庄村的发展带来挑战。

(2) 形式的传承与模式的创新

随着时代经济的高速发展、人民生活水平的提高，其生活模式也在发生着巨大的转变。农村人口的城镇化迁移导致每家每户产生闲置用房；农村劳动力大量流失，从而产生闲置用地等情况。从共享理论出发，以互联网和高科技为载体，建设智慧型乡村，引导城市消费与乡村产业进行有机结合，使旅游附加值最大化，为休闲旅游型美丽乡村特色化营造提供一种新的解决思路。

国内外相关案例的搜集和整理，分析了田园综合体——无锡东方田园、华德福教育基地、美国艾米农场、日本Ma farm农场、三亚南田农场、广州艾米农场。我们提出共享型休闲旅游村景观规划设计战略。基于郭家庄村共享型休闲旅游型美丽乡村的战略定位，结合郭家庄村的地理位置和资源优势，规划出如下共享区域：

(a) 共享果林区：在现有山地果林区域，安装云端摄像头等可进行实时监控的设备，依托运营网站和手机App等通讯路径对外运营，利用游客挂牌认养、托管运营、网络订购的方式，实现果林在城市与乡村之间的共享。乡村管理者定期对共享果树进行维护与管理，并将记录上传网络，城市共享者可通过网络实时掌握认养果树的生长状态。城市共享者可以通过App在线预约，在假日到达郭家庄村进行自主管理体验。果实成熟期时，城市共享者可在线预定，乡村管理者通过预定信息将果品打包，第一时间通过物联网送达。

(b) 共享采摘区：在沿居住区、主要道路等地理位置较好的地区规划出共享采摘区，供短途旅行的游客进行采摘体验和果品购买，增强休闲旅游的参与体验性。共享采摘区采用自主采摘、计量收费的方式运营。

(c) 共享农田区：在现有的耕种用地的基础上，将闲置农田通过共享的方式运营，依托运营网站和手机App等通讯路径对外宣传租赁，城市居民可以通过网络签约并进行私人农产品的定制，也可以在节假日到郭家庄村度假，管理自己的共享农田。

(d) 共享居住区：对郭家庄村中的闲置民居，或外出者的空置房间进行统一登记，并进行适当的设施增补与改造，达到游客居住标准后再通过运营网站和手机App等通讯路径对外租赁，游客可以通过网络预定心仪的房间，也可以到达郭家庄村后，在游客服务中心根据需求进行预定。入住共享居住区的游客可以与当地居民进行更多交流，更直接地感受当地的民俗文化风情。

(e) 游客共享中心：规划建立一个共享交流中心，用来进行村内从事共享服务的人员培训、信息管理，同时兼具游客中心的作用，进行共享民宿的分配等工作。

与此同时，在具体的设计手法上，结合当地乡村肌理、建筑形态提出以下设计要求：

(a) 尊重村庄肌理，构建村落格局

一个传统持续居住的村落从其选址开建，已经经历过数百甚至上千年的历史风雨的洗刷，通过对周边自然环境的改造及适应，村庄本身已经较好地融入了自然之中，成为大地生命肌理的重要组成部分。不同村庄所形成的村落格局则是各不相同的，具有独特性和唯一性。对于村落格局的有效保护更新利用有利于形成生产互助和对于村庄感情的交流。因此要求在进行村庄规划时应当从村落的原始形态出发，充分挖掘对保护及更新村落格局的过程中的决定性因素，比如建筑景观立面、集聚点、村居的空间位置、植物景观保护、水系的贯通及维护等，从而建立起富有历史情感的村落格局。

(b) 发扬光大地域特色

乡村的地域特色包含了乡村传统的历史文化、乡风民俗，是村庄及村民宝贵的精神财富。因此，在村庄的规划设计上，特别要发扬光大村庄的地域特色，在村庄的景观营造上，要善于发挥利用好村庄的地域特色元素，特别是村庄的建筑、乡土植物、道路系统、水系特点等。发扬光大乡村地域特色，目的是让村庄更大程度上与自然环境相融合，同时要体现地域文化的内涵，提升乡村景观的魅力。

五、结语

今年的"四校四导师"从3月承德的开题，一直到9月的结题整整经历了6个月的时间。这改变了单一的教学模式，迈向知识与实践并存型人才培养战略。课题组集中了全国知名高等院校建筑设计专业与环境设计学科带头人、知名设计企业高管、知名教师、国内优秀专家学者、国外知名院校，这给所有参与的老师和同学提供了一个互相学习和交流的平台。同学们得到来自近20所院校教师的指点，其成长速度也以倍数递增，而年轻的老师们也在这个平台上吸收着来自不同院校专家们的宝贵知识与经验。

领·体·径
Collar · Body · Diameter

北京林业大学 艺术设计学院/公伟 副教授
School of Art and Design, Beijing Forestry University
A./Prof. Gong Wei

摘要：通过参与4×4教学实践，反思环境设计教学的问题。本文分析环境设计专业教学的现状，探讨以"艺术为领、空间为体、实践为径"的教学思路，并提出"行走体验"、"模型建构"、"田野调研"、"项目导入"的四个教学环节，探讨环境设计的教学模式。

关键词：艺术；空间；教学实践；环境设计

Abstract: by participating in the 4×4 workshop, we reflect on the problems of environment design teaching. This paper analyzes the current teaching situation of environment design specialty, discusses the teaching idea of "art as the guide, space as the body, practice as the path", and puts forward four teaching links of "walking experience", "model construction", "field research", "project introduction", and discusses the teaching mode of environment design.

Key words: Art; Space; Teaching practice; Environment design

4×4教学实践是跨校联合、资源共享、融合创新的教学探索，是设计学科面向新时代发展的有益教学尝试。10年的教学实践为设计教学尤其是环境设计教学的提升和发展作出了显著贡献。同时，在教学实践过程中也显露或者暴露出我国当前环境设计教育在诸多层面的问题，如学生层面的专业素养、设计能力、设计思维的不足等。诸多问题反映出当前环境设计专业在教学理念、专业范畴界定、教学模式等方面的现实困境。以下的泛泛总结和粗浅思考，仅做抛砖引玉。

一、我国环境设计教育的现状

快速城镇化在促进经济增长的同时带来的城市环境问题不容忽视。随着全球化和城镇化进程的推进，在追求"短视"经济价值观下的城市建设，城市空间盲目扩张，过度追求经济效益和面子工程，而必然漠视环境的生态、人文意义，致使众多城市环境出现资源浪费、环境污染、形态趋同、美学品质低下的现象。如何保护时下城市环境形态的健康多元发展，是我国人居环境设计面临的重要课题。环境设计教育也应该肩负新时代的责任，从我国现实问题出发，融合国外先进的教学理念，建立适合我国现阶段时代需求的设计教学体系。

环境设计专业作为新兴的交叉学科，是在艺术学背景下发展起来的应用学科。由于城市快速发展的需要以及艺术生的扩招，环境设计专业得到迅猛发展，学生和教师规模快速扩容，除各艺术类院校开设外，在综合类大学、师范院校、工学门类院校、农林院系也分别设置了环境设计专业。全国各地遍地开花，核心教学内容大同小异，教学质量良莠不齐。

二、环境设计专业的教学反思

1. 教学理念及专业定位不明确

环境设计专业开设在艺术学科的大背景下，专业覆盖面宽泛，涉及多个学科的交叉，设计内容涉及艺术和技术的结合，和其他学科比如风景园林、建筑学、城市规划存在较大重叠，所以就现状而言，环境设计专业存在显著的专业定位不明确，缺乏自身理念和教学特色。环境设计专业具有宽、粗的课程体系设置，课程涵盖室内设计、景观设计、展示设计等各种空间类型，表现出专业教学理念缺乏、教学目标不明确的问题；这是当前我国环境设计专业教学的普遍问题。环境设计专业不能简单效仿建筑、园林或城规专业设计课程的教学内容和模式；而应该挖掘自身优势，结合艺术学科的大背景以及学生的特点，找准专业教学的突破口，寻求适宜的教学理念和目标，明确专业定位，只有先找到专业自身的边界才能跨界融合，这是形成自身专业特色的关键。

2. 专业教学随意性大，无学科体系

环境设计专业的教学没有形成统一的学科理念和目标，缺乏权威教材指导。不同院校之间的教学差异很大，教学内容和教学方式随意性大，课程内容缺乏体系。即使是同院系的此类课程，不同授课教师面对庞杂的知识内容也可能采用不同的上课内容和方式，缺少论证的教学大纲并不能很好地发挥作用，教学效果良莠不齐，所以设计教学应在明确教学理念和课程目标的基础上，量身定做，制定适合本专业的教学大纲，对教学内容、方法和教学环节进行约束和限定。

3. 缺乏相关技术课程的配合

环境设计专业是建立在自然科学和人文科学基础上的应用型学科，涉及艺术、技术、人文领域的内容，具有综合性、复杂性、交叉性的特点。环境设计专业课程主要包括绘画基础、设计基础、专业设计三大类。课程内容混杂，理论、设计和实践内容设置不明确，技术课程很少，缺乏综合专业知识保障的设计创作暴露出很多问题：比如对概念认知的片面化，空间设计的形式化，设计理念的主观化等。面对环境设计学这样一个复杂交叉的学科，仅仅几门专业设计课程就显得势单力薄。

4. 设计创新思维的培养不足

感性思维和理性思维在设计不同阶段发挥作用，有时主次难分。艺术背景的学生习惯于感性思维和自由发散式思维的特点，设计随意主观，但并不具有创新思维意识。在设计教学中应进一步鼓励学生的发散式思维，让学生领会创新设计的含义和意义，发挥其空间想象力和形态感知能力；同时也应不断培养科学严谨的分析思路和方法，通过设计调研等实践环节锻炼学生对复杂问题的信息收集、分析和处理能力，但要避免将设计分析套路化，而失去实效意义。

四校导师在匈牙利佩奇大学

三、"艺术为领、空间为体、实践为径"的专业教学思路

1. 艺术应是环境设计创新的沃土

设计和艺术具有不可分割的联系。环境设计无疑是一门实用性的空间艺术。追溯设计的发展历史，很多重要

的艺术风格都曾经对设计产生过直接影响。设置在艺术学科的专业背景，理应与其他艺术课程形成有机的结合；重视和利用各种艺术类课程，培养学生的艺术感受力和鉴赏力，并从中汲取营养、捕捉灵感，融入设计课程的学习中。另外，艺术招生背景的学生具备一定的绘画基础，形象思维活跃，使得环境专业教学更应强调空间的艺术化表达，注重艺术氛围的营造，提升环境空间的品质和特色。

2. 以可感知的空间尺度为教学对象

由于专业定位的不明确，环境设计专业的课程体系繁杂而无法完善，学生无法形成完善的专业知识体系，也较难在短时间形成城市空间的体系认知，欠缺宏观分析处理问题的能力；其课程内容不能强调宏观尺度的空间规划，而应强调狭义的空间概念内容，以易于感知的小尺度场地作为设计重点。小尺度意味着规模较小，功能较单一，涉及的影响因素相对较少，因此设计分析内容较为明晰，初学者容易入手；并且小尺度空间环境具有易于感知的空间尺度，直接影响人的空间印象。相对于宏观尺度的大环境，其设计更侧重空间形态和视觉形象的塑造，这符合艺术设计专业学生的兴趣特点。

3. 加强学生的空间建构能力

环境设计显然不是各类空间元素的简单集合，而是由元素演化出的新的空间形态。虽然元素本身在整体环境中具有重要意义，但像建筑一样，空间同样是环境设计的精髓，而不能被各种元素所干扰。环境设计专业主要面向微观尺度的场地设计，应着重强调空间形态的建构训练，培养学生的空间操作能力和形态感知力，帮助学生建立正确的空间概念和美学经验，强调环境空间并不单是脱离人之外的物质形态，而是人与物体相互作用的整体，培养学生的环境美学观念。

4. 培养科学的设计伦理观

环境设计专业的教学应引导学生建立正确的概念认知和价值标准。超越单纯物质空间形式设计的狭隘视角，将与之密切相关的社会文化因素、生态因素纳入设计考量范畴，引导学生思考空间与人以及人与人之间的关系；建立正确的生态伦理信念，更多关注城市中的场所，关照环境中的人和事；不能用概念、机械化的设计手段去处理人地关系，用毫无表情的景物元素去填充土地，更不能将空间设计视为纯主观的形式游戏。设计虽以物质空间为操作对象和呈现结果，但实质是在平衡人与自然、人与人之间的关系。

四、环境设计专业设计教学四个环节

1. 由行走体验导入的空间感知训练

教学方式：选取代表性场地环境开展行走体验，获取环境和感知信息，并对场地进行测绘，将实际空间进行图纸转换。

教学目的：环境设计作为空间的营造，是完成空间意象的过程，需要丰富的空间感知经验。通过此环节锻炼学生对于整体环境信息的获取能力以及进行组织和阐释的能力，帮助学生熟悉空间感知的方式，逐渐积累感知经验，能够在实际的环境设计中做出更为合理、有效的空间决策。

教学过程：行走体验的环节要求学生对特定环境空间展开步行式的空间体验。引导学生从空间组织的视角去观察环境中的水体、植被、地形以及人工景物；感受空间的形态、尺度、肌理、色彩等因素；同时引导学生体会行走中的空间转换过程以及由此带来的情绪体验，并进一步要求学生观察环境中人的行为、活动、事件等；观察环境的使用状况以及环境与人的空间关系；在此基础上学生进行实际场地的测绘，将空间通过图纸表现；使学生体会图纸空间和实际空间的关系和差异，并逐渐建立实际空间与图式空间之间的感知联系。

2. 由模型空间建构导入的空间审美训练

教学方式：针对特定地块进行园景设计，表现某一主题。要求通过空间模型进行空间形态分析试验，然后再将成果方案落实成图。

教学目的：通过此环节让学生在过程中熟悉环境空间的构成特点，体会如何运用各种景物元素构建空间，学习空间操作和组织方法，增强初学者的空间处理能力和空间的审美意识。通过模型建构的直接导入启发设计，帮助学生建立一种环境空间设计的方法和理念。

教学过程：环境设计作为一门空间艺术，是通过各种景物元素的操作进行空间艺术营造的过程。环境设计专业应强化学生对微观空间形态的整体操作能力，提高形态的艺术鉴赏力。此环节重点侧重主题性小型空间设计。要求在几百平方米的既定场地内进行主题性空间设计，要求空间形态具有创新性，大胆构思，精巧布局，塑造具有主题艺术氛围的环境空间。方案设计直接采用模型分析，并将模型空间的结果转换成设计图纸；而不采用先图纸设计，后成果制作的模式。过程中不强调方案的预设性和唯一性，也不强调复杂的逻辑推理，鼓励创作中的偶然性，着重训练单纯空间形态的操作能力。

3. 由田野调研导入的场地分析训练

教学方式：通过课程实习环节的田野调研方式开展。针对特定环境进行调研分析，平衡综合因素，完成调研报告，提出设计方案。

教学目的：环境设计作品一定是建立在理性思考之上的感性创作。艺术背景的学生习惯自由发散式的感性形象思维，而缺乏理性逻辑思维。此环节着重培养学生对综合问题的处理能力，引导学生学会处理设计问题的正确思路和思维方法，逐渐培养理性分析意识。

教学过程：选取环境因素较为综合的一处中等规模场地，要求学生通过"调查—分析—设计"的工作程序进行调研，提出设计对策。过程中注重培养学生科学的调研方法和严谨的分析思路。要求学生对场地区位、规模、建筑、地形、植被等情况做出详尽的考察；通过现场记录、测绘、观察等手段获取场地信息和印象，初步形成设计意象；进而对调研资料进行归纳，分析场地中的优势和劣势条件，明确场地现状对设计的影响；比如周边的环境条件将决定功能的设置；场地的地形特征将直接影响空间的形态等，并最终将一系列的分析结果进行综合平衡，提出最为合理的解决方案。这其中需要较为全面的设计认知和较为综合的专业知识保障，所以过程中应积极引导学生对相关知识和涉及内容进行自主扩展学习。

4. 由项目实践导入的综合能力训练

教学方式：通过"项目式"的教学方式，引入具体的设计项目，按照工程项目的设计流程完成设计方案；此环节是对课程学习内容的综合实践应用。

教学目的：此环节锻炼学生面对实际设计问题的综合应对能力。帮助学生树立正确的设计价值观，增强社会责任意识和设计中的团队合作意识，以提高综合职业能力。

教学过程：此阶段选取代表性的实际项目案例，要求学生针对项目任务书进行专项研究，团队合作，提出设计方案。要求按照完整的工程项目的实践流程来进行，着重锻炼学生针对具体的设计问题进行独立思考、分析、解决的能力。学生在过程中需要自行对此类专题展开前期研究，了解此类专题设计的特点和现状，然后针对性地找到关键问题和解决思路，统筹平衡各类因素，包括任务书要求、设计影响因素、工程技术因素等；并发挥空间营造的主观创造力，形成能解决实际问题并具有空间创新性的设计方案，最终按设计要求完成相关图纸的绘制。

五、结语

环境设计专业的设计教学只有从自身的专业特点出发，发挥艺术背景的专业优势，明确专业定位和自身边界，以塑造高质量美学特征的微观环境空间为教学方向，以培养具有艺术素养的设计师为教学目标，形成与其他相关专业教学的差异化发展，才能形成和强化专业教学特色。不能盲目求大、求全，跟风相关专业，应在明确专业教学定位和培养目标的基础上，抓住关键突破口，以点带面，形成适合专业背景、学生特点的教学内容和方法。由"行走体验"、"模型建构"、"田野调研"、"项目导入"构成的四个教学环节，是针对不同阶段专业学习展开的模块化教学实践，是"艺术为领、空间为体，实践为径"的教学思路的具体执行。

中欧设计教学交流引发的取向思考
The Exchange of Design Teaching between China and Europe Leads to Orientation Thinking

山东师范大学 讲师，匈牙利佩奇大学 博士/葛丹
Shandong Normal University, University of Pécs
Ge Dan

摘要：文章从对中欧学生作品在设计过程和设计表达中的不同，引申出对设计价值取向问题的思考，展开了对全球化和地域性、历史性和现代性两个问题的讨论。国际交流为师生提供了观察欧洲文化的窗口，更是理解和挖掘民族文化内涵的契机。通过对地域性概念的剖析，强调符号不可与其文化背景分离，设计需要挖掘地域特征，而不是符号的复制与拼贴。通过对现代主义建筑风格发展过程的回顾，阐述历史性不是某个历史时期的特征，而是一个发展过程中不同时期文化的叠加，现代性也不是对历史的否定，而是在历史和传统中加入新的材料、技术，以适应新的生活方式。

关键词：国际交流；全球化；地域性；历史性；现代性

Abstract: based on the differences in the design process and expression of students' works in China and Europe, this paper extends the thinking on the value orientation of design, and discusses the two issues of globalization and regionalism, history and modernity. International communication provides teachers and students with a window to observe European culture, but also an opportunity to understand and explore the connotation of national culture. Through the analysis of the concept of regionalism, it is emphasized that symbols should not be separated from their cultural backgrounds, and that regional features should be excavated rather than copied and collaged. Through the review of the development process of modernist architectural style, it is expounded that history is not the characteristics of a certain historical period, but the superposition of different cultures in a development process. Modernity is not the negation of history, but the addition of new materials and technologies into history and tradition to adapt to the new way of life.

Key words: International communication; Globalization; Regionalism; Historical; Modernity

"四校四导师"实验教学活动开展至今已是第十个年头。五年前加入的匈牙利佩奇大学，为这一实验教学课题带来了国际视野，使得国内的学生和老师有机会深入了解欧洲的建筑和文化，更重要的是在课题的平台下，在一个共同推进的设计过程中，师生们有机会近距离长时间地观察和了解欧洲建筑师的设计方法和表达方式（图1）。

通过对比我们可以看到，欧洲学生的图纸较为简单，模型则十分精巧细致（图2）。他们设计的出发点总是基于对场地的分析和理解，图纸的大部分都是分析性的，表达的是设计的推进过程，对成果的展示和解读侧重于细节和材料。在设计成果上，他们遵循发现问题、分析问题、解决问题的设计思路，倾向于简洁的方案，能解决场地中存在的问题即可，并不追求复杂和新奇的造型。国内同学的作品，设计的框架更为宏大，基于理论研究的设计方案在立意和格局上更胜一筹，设计作品的表达更是图纸精美，方式多样。但细究之下，又不难发现很多同学都存在为了设计而研究，为了表达而设计的怪现象。设计成果丰富多彩的表达背后可能缺少对场地的深入理解和思考，条理分明的理论研究也未必能得出与设计有逻辑关系的结论。但是罗列这些不同或评判某个设计的优劣不是本文的初衷，更不是国际交流的目的。而是希望透过这些表象，引发大家对背后原因的思考，并对两个有关设计价值取向的问题展开一些讨论。因为价值取向直接影响到设计师看事物的角度和想问题的方式，如果设计的起点和方向有了偏差，后来的结果就不可能不受影响。

图1 师生在匈牙利佩奇大学进行交流

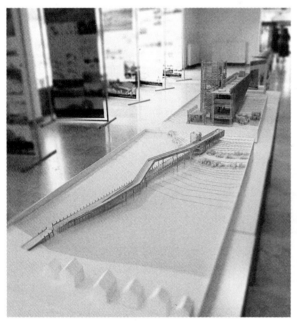

图2 Bocz Gabriella同学制作的精美模型

图3 师生在布达佩斯城市大学进行交流

1. 全球化和地域性

对全球化的理解首先涉及的是我们对国际交流的态度。过去几十年对西方发达国家经济水平的艳羡，曾让我们不加区分地接收外来文化，尤其是对欧美国家的方方面面不作判断地一味模仿。以致于出现很多今天看来甚为可笑的"欧陆风"建筑，大大小小的喷泉边上站着西方面孔的美女，高高低低的建筑立面上罗列着不同历史时期的欧式建筑元素。随着中国经济的快速发展和国际交流的不断深入，今天的我们已经站到了国际交流的舞台中央，着力塑造我们自己的民族文化，不再也不必一味模仿。

全球化发展的趋势和结果不应是文化的单极化，而是多元化，是地域文化的共存。今天的我们通过国际交流，可以了解和认识其他民族和国家的文化，更应加深对自身文化的理解。很多在本国本地区司空见惯的事情，经过与其他文化的对比才会发现其宝贵之处，从而产生保护和发扬的意识（图3）。从这一层次理解，在民族文化的觉醒和民族自信心增强的当下，全球化与地域性不再是不可调和的矛盾，地域性恰恰是今天城市空间、形态趋同现象的解药。

对于地域性的理解，我们在设计中常用到的方法是对场地进行调研分析，找出具有当地特色的建筑、景观或者文化符号，将其应用于新的设计中。这是一种得益于符号学理论，很直观、操作性也很强的技术方法。然而认为将有地域特征的图形符号加以提炼或是简单地采用地方材料就是保留了场地的地域性还是有些狭隘和形式化了。

所谓"地域性"，其实是特定地域和文化中的人们依据自己的生活方式、文化背景和自然生态条件在建设自己的生活家园时自然得出的某种解决方式。虽然会直接表现为建筑和景观的某种形式语言，但更多地还是表现在文化的价值取向上。因此，作为文化价值取向显性表达方式的建筑和景观符号，是有其来源和产生背景的，如果忽视产生这种风格和设计语言的背景，而直接照搬其形式语言，符号就成了没有灵魂的躯壳，形似而神不似，不仅不能创造出类似的空间和景观氛围，还会产生与周围环境格格不入的感觉。从某种程度上来说，这种假古董与当年的"欧陆风"没有本质的区别，只是建筑所带的符号面具从"异国"换成了"他乡"。设计师只有真实地去挖掘这些符号背后的原因，真正理解了设计语言的来源和产生背景，才能转化生成自己的语言，从而设计出真正适应当地生活的空间和场景。

当下颇为流行的新中式风格，迎合了国人日益增强的民族自信心和文化觉醒。其出现是时代发展的必然，也离不开设计师对传统文化的思考和对现代生活方式的理解，具有相当大的正面意义。然而我们也应该看到很多样板间、景观示范区，虽然打着新中式的旗号，运用了很多传统元素，但符号化了的设计语言只是作为高端房产项目的包装纸，在大江南北千篇一律地复制，让人感受不到传统文化的意境，只是越来越审美疲劳。贝聿铭先生当年在苏州博物馆中用白墙灰瓦为画布，山石与水景为笔墨的中国传统山水画（图4），如今换了各种材料和形式出现在不同的景观示范区中，人们在其中体悟到的不再是传统文化深远悠长的意境，而只是对山水符号得以识别的一种满足。

图4 苏州博物馆片石雕塑的山水意象

2. 历史性与现代性

历史性与现代性是另一对经常与全球化和地域性搅和在一起的矛盾，这与我们对地域性的误解有很大的关系。这种对地域性的理解认为地域性是某个特定历史时期的建筑或景观特征。这个特征可能是城市历史上某个辉煌时期的产物，与其他时期和其他地域有着显著的不同或很高的艺术价值，比如古都西安对汉唐文化的深入挖掘就为城市塑造了独特的地域特征。但某个历史时期仅仅是整个城市建设过程的组成之一，城市建设不可能一直维持在某个时间点恒久不变，应该也必须随着时间的推移为新的历史性所代替，并不断孕育出新的生活方式和适应这种生活方式的地域特征。这种与现阶段生活方式所匹配的建筑和景观，在当下可以称为现代性，但从历史发展的漫长过程中看，它也终将会被新的事物所更替，成为历史发展进程中的一个环节。但其并不会因为新事物的诞生和时代的更迭而消失殆尽，而是会作为某个时代文化的象征，凝固下来成为城市风貌的一个组成部分。

现代性常被用来与传统性相区分，体现在社会、生活、艺术许多方面，在建筑中则常与现代主义风格联系在一起。我们也许可以透过现代主义建筑风格在欧美国家的发展历程来理解现代性的内涵和意义。

现代主义建筑是伴随着工业文明的出现而诞生的，并在第二次世界大战后城市重建的社会背景下得到快速发展，一度以"科学和理性"为特征而成为先进文化的代表。现代主义建筑在形式上崇尚简洁，反对古典建筑的装饰，在初期可谓令人耳目一新。但在另一方面也造成了历史文化发展的断裂，单一的形式冲淡了建筑本身的历史感和时间性。而其在世界各地的大量复制，使建筑的地域个性被压抑，日益趋同，造成了今天"千城一面"的城市问题。

20世纪70年代，随着时代经济的发展，人们积累了一定的财富，不再满足于单一的功能形式，开始对现代主义进行反思。首先，功能和形式的关系被重新认识，"形式追随功能"不再是建筑设计的唯一准则，阿尔多·罗西就认为在历史中，功能是变化的，不能成为形式的组织者，而形式结构却有着恒常性，是每一个城市及其历史中存在的事实。因而，欧洲学界目前在历史建筑保护问题上相对于建筑形式的保护（Conservation），更关注建筑功能的活化（Revitalization）。所谓活化就是对不再具有使用功能的历史建筑进行改造，在保持空间结构和立面形式基本不变的情况下，使其承载新的功能以适应现代的生活方式。这种保护和更新的态度也使得欧洲历史保护的范围从文化居住建筑扩展到工业仓储建筑，从单个建筑的保护逐渐扩展到对街区、城市的整体保护。古城区不是单个建筑在一个历史节点上"标本"式的静态保留，而是随着时间变化不断叠加新事物、新特征的复合体。

对现代主义的反思还催生了后现代主义对历史和美学的新观点，建筑的装饰性、艺术格调和空间形式都有了更高的要求，并带有浓厚的人文主义色彩，体现出"历史性和人性的回归"。这种历史性的回归在某些作品中表现为拼贴的手法，即将传统文化和建筑形式语言符号化之后贴在建筑的表皮，比如查尔斯·摩尔在新奥尔良市意大利广场中通过对古典建筑元素的拼贴，来表现意大利的文化，形成了一个舞台背景一样的广场空间（图5）。直白的设计语言和充满戏谑性的设计引来了褒贬不一的评价。但更多的设计师是将现代与历史相结合，用现代的形式语言表达历史的主题，或通过设计使历史建筑得以承载现代的使用功能，从而产生具有浓厚历史气息的新建筑。王澍的实验性乡村建筑（图6）就是在十年乡村调研的基础上，运用传统材料和工艺建造适应现代村民生活方式的建筑，把中国传统空间概念和诗意的美学带入了当代乡土社会，真正做到了"看得见山，望得见水，记得住乡愁"。

图5　新奥尔良市意大利广场

从革新到反思，是一个社会发展、文明进步的过程，也是现代性与历史性从对抗、割裂到重新融合的过程。后现代主义并非是对现代性的全盘否定，而是对其唯"科学理性"的修正和延伸，因而表现出了更大的包容性：建筑中的历史性、丰富性可以与现代文明共生，艺术和技术的结合产生了新的形式语言，多元化和多样性为城市带来个性和地域特征。可以说，伴随着对现代主义风格的批判和对现代性的修正，单一固定的设计原则已经被打破，多元、创新成为设计的大趋势，但是也要警惕对于时尚和新奇的过度追求。当下具有实验性质的参数化设计如同当年的现代主义风格，是设计师对新技术、新材料和新的生活方式的回应，自由曲线的形式语言和流动的空间体验带来强大的视觉和感知冲击，依托软件计算生成建筑的设计方法颠覆了以往的设计哲学，具有鲜明的技术属性。但对其形式语言和设计方法的学习和应用，同样需要建立在理解其产生背景和设计逻辑的基础上，而不是对新奇形式和设计语言的简单复制。

事实上，对上述这些问题的讨论在建筑界已经是个老话题了，之所以旧题重谈，是因为通过国际交流，让我们对欧洲的设计理念和方式方法有了更深入的观察，也切身感受到了文化的差异给建筑和景观设计带来的显著影响，感性的认识需要上升到理论层面进行思考。此外，与十年前讨论全球化不同，今天的中国已经是世界第二大经济体，经济的强盛为民族文化的复兴提供了坚实的基础。我们不再照搬西方的模式，而是在"一带一路"战略的带领下，通过国际交流输出我们的文化和技术。在这个大背景下重新谈设计的地域性和历史性，目的不再是保护弱势文化，而是倡导大家带着民族自信心更加深入地挖掘传统文化的内涵，尤其是在乡村振兴的大课题下，回归到对传统民居、村落景观和现代乡村生活方式的研究中，从历史和传统中寻找启发和灵感，设计出符合现代生活需求，又具有民族审美和时代精神的新建筑、新景观。

图6 洞桥镇文村乡居建筑

参考文献

[1] 徐千里. 全球化与地域性——一个"现代性"问题[J]. 建筑师，2004，3.
[2] 陈伯冲. 建筑形式论——迈向图象思维[M]. 建筑工业出版社，1996.
[3] 尼跃红. 历史的回眸与人性的复归——关于现代主义建筑与后现代主义建筑的评说[J]. 装饰，2000，3.

功能使命：匈牙利商业街区景观研究
Functional Mission: Hungarian Commercial Block Landscape Research

内蒙古科技大学 建筑学院/韩军 教授
Academy of Art and Design, Inner Mongolia University of Science and Technology
Prof. Han Jun

摘要：新经济体制下，中国经济的开放型建设取得进一步的发展，大量经济体以多样性与灵活性的特点彰显于各类商业街区内，形成带有明显时代特征的建筑景观。新生的与原有的商业街区以各自特有的姿态分布在城市的不同区域，实现着不同的功能使命。老商业街区由于建筑年代的原因所表现出的衰败破旧，加上孤芳自赏的商业形象的融入，造成建筑形态的整体性景观与局部商业感官的个体性风貌之间极不和谐。那些无大局观念又审美能力欠缺的店面设计，使得整体建筑景观更显得杂乱、突兀，缺少美感。近年来政府相关部门开始关注这方面建设与整改的监管，有些地区成效显著，但更多的地区收效不佳，甚至走向另一个极端方向，以中国二、三线城市尤为明显。这次4×4实践教学课题活动在匈牙利佩奇大学结题，得以对其历史建筑和历史街区进行一段时间的实地考察，对比中国商业街区现状，从中得到一些想法与启示；同时，对症剖析我国的设计教育对应课程中存在的问题，提出一些建设性意见。

关键词：老商业街区；整体性；个体性；设计教育；启示

Abstract: Under the new economic system, the open construction of China's economy has made further progress. A large number of economies are characterized by diversity and flexibility in various commercial blocks, forming an architectural landscape with obvious characteristics of the times. What's more, the newborn and existing commercial blocks are distributed in different areas of the city with their own unique postures, and fulfill different functions and missions. The old commercial districts have presented their decay and dilapidation due to the age of the building, plus the integration of the commercial image of the solitary and self-admiring, the whole style of the architectural form and the individuality of the local commercial sense organs are extremely disharmonious. Those storefront designs without overall concept and lack of aesthetic ability make the overall architectural landscape more cluttered, abrupt, and short of aesthetic feeling. In recent years, the relevant government departments began to pay attention to the supervision of construction and rectification in this area. Some areas have achieved remarkable results, while more areas have not achieved good results, and even went to an extreme direction, especially in the second and third-tier cities in China. The 4×4 practical teaching project was completed at the University of Page, Hungary, and was able to conduct a field survey of its historical buildings and blocks for a period of time. By comparing the status quo of commercial blocks in China, some ideas and enlightenments were obtained. Meanwhile, the problems in the corresponding courses of design education in China were analyzed symptomatically and some constructive suggestions were proposed.

Key words: Old commercial blocks; Unity; Individuality; Design education; Enlightenment

引言

改革开放四十年，我国的城市建设速度可以说是突飞猛进，城市的肌理也随之发生了巨大的改变。新经济体制下，我国经济的开放型建设取得进一步的发展，大量经济体以多样性与灵活性的特点彰显于各类商业街区内，形成带有明显时代特征的建筑景观。新生的与原有的商业街区以各自特有的姿态分布在城市的不同区域，实现着不同的功能使命。建筑与街区作为城市的主要机体，更像是一个城市的名片，直接可以体现一个城市一个地区的地域、历史、文化、艺术、经济、科技等方面特性的承载力与发达程度。老商业街区由于建筑年代的原因所表现出的衰败破旧，加上孤芳自赏的商业形象的融入，造成建筑形态的整体性景观与局部商业感官的个体性风貌之间极不和谐。那些无大局观念又审美能力欠缺的店面设计，使得整体建筑景观更显得杂乱、突兀，缺少美感。近年来政府相关部门开始关注这方面建设与整改的监管，这方面的改造方法基本上采用的是"穿衣戴帽"的处理手法，有些地区成效显著，但更多的地区收效不佳，甚至走向另一个极端方向，这方面国内二、三线城市尤为明显。如何将建筑景观（这里指拆除重建可能性极小的街区，尤指建筑外立面）合理优化更新，希望通过高专业水准的"穿衣戴帽"举措让老商业街区得以焕发新的光彩，赋予它新的生命力和更强的魅力。第十届4×4实践教学课题活动在匈牙利佩奇大学结题，得以对其历史建筑和商业街区进行一段时间的实地考察，对比中国商业街区现状，从中产生一些针对社会以及设计教育方面的思考。

一、商业街与建筑

1. 老商业街区

老商业街区重要的组成是指街道和两侧老建筑及其商业复合体，建筑外立面是街区整体风格形象的体现。所谓的老商业街区一般分两类：一类是随着历史遗留下来的，伴随着历史的沉淀、传承着历史的文脉与记忆的历史商业街区；另一类是没有达到历史街区那么久远，但对于一个城市来讲也是属于比较老的街区，由于各种条件的约束还不能拆迁重建，这类街区在国内许多城市都有一些数量的存在，它们一开始的功能并不是从事商业经营用途的，但随着时代的变迁、经济的开放型发展，它们逐渐成为经营内容各具特色、形象风格五花八门的新时代老商业街区。由于历史街区和传统街区保护与再利用方面的研究已有很多，所完成的相关案例也是非常之多，本文所探讨的老商业街区是针对第二类街区而言的。

2. 建筑外立面及商业复合体

（1）建筑外立面

建筑外立面通常指的是建筑和建筑的外部空间直接接触的界面，以及其展现出来的形象和构成的方式，或称建筑内外空间界面处的构件及其组合方式的统称。一般情况下建筑外立面的所指包括除屋顶外建筑所有外围护部分，在某些特定情况下，如特定几何形体造型的建筑屋顶与墙体表现出很强的连续性并难以区分，或为了特定建筑观察角度的需要将屋顶作为建筑的"第五立面"来处理时，也可以将屋顶作为建筑外立面的组成部分。实际上建筑外立面就是人们对一个建筑体或建筑群从外表观看的直接印象部分。

（2）建筑外立面的特点

建筑外立面的风格特点更多体现的是历史文脉、地域风格、民俗文化、社会背景、经济状况、技术条件与时代气息等，由于历史的变迁，东西方建筑史都经历不同时期不同风格的演变与交融的过程，所以说不同国度、不同地域、不同时代，所呈现出的建筑风格与形态是不同的，从中可以看出其历史背景与文化内涵。

（3）商业复合体

商业经营行为需要商业空间的支持，商业体融入建筑体称之为商业复合体，它是构成商业街区的基础条件。商业复合体有些是跟着街区规划自然存在的，有些是随着城市的发展，经济体的形成与需求逐渐渗透到一些被选择的街区中从而形成的。它们从经营内容上所呈现的特点也不相同：有些是五花八门不同行业，有些则是"清一色一条街"的同一相关行业，只是品牌与产品组成及店面外观形象风格各有不同，这些不同特点所形成的社会影响也不同，不同的商业结构满足不同的商业需求，这些特点不能说孰好孰坏，只有市场的回报效果最有发言权。

二、现状与存在问题

1. 老商业街区现状

商业街区是反映城市经济、社会和文化发展的敏感地区。它的格局形态、空间特征、环境质量及其反映出来的文化素质，都是人们评价一座城市最重要的参照物。由于城市进程化的快速推进，所表现出的衰败破旧已不能与时代同步，出现形象落伍、缺少规范与美感及和谐统一的环境，使整体街区景观更显得面目全非、混乱不堪，严重影响城市的形象，已成为各城市在城改问题上的重要环节部分，目前各地区设计原则不一、整改方案不一、执行标准和力度不一、投资方式与能力也不一,所以结果也是各不相同,当然有些已卓见成效,如:北戴河的多条商业街的翻新改造,既美化了城市面貌,又提升了度假旅游观赏的兴趣点,带动了市场经济的发展以及提升了城市的精神内涵与特有的历史文化背景,实现了城市文明建设中物质与精神双赢的好成果,但随着经营者的自由发挥,有些店面又出现了对和谐统一的破坏(图1、图2)。所以说老商业街区的更新改造与管理执行是亟待解决的问题。

图1　北戴河商业街区景观1

图2　北戴河商业街区景观2

2. 存在问题及原因

老商业街区所存在的问题主要表现在两个方面:一是衰败破旧已不能与时代同步,需合理解决"穿衣戴帽"问题和功能使用问题;二是孤芳自赏的商业形象的融入,造成建筑形态的整体风貌与局部商业感官的个体性之间极不和谐。那些无大局观念又审美能力欠缺的店面设计,使得整体建筑景观更显得杂乱、突兀,缺少美感。这两个问题都是要重点解决的问题。

其一,先谈谈"衰败破旧",不用过多解释,从字面一看就可以形象地了解其意思,但如何为它"穿衣戴帽"来解决"衰败破旧"就是我们需要探讨的问题。这里面存在三方面的能力问题:一是资金能力,因为资金充裕与否往往与工作成效有着重要关系,这方面的论述在这里就不深入展开了;二是认识与审美能力,这与政府领导及相关部门在方案的审批中的认识导向与专业审美的把控有关,它决定着改造后的品位问题;三是执行能力,具体到设计单位与施工单位的认识与把控,因为它决定着工程的品位与品质的呈现。

其二,街区建筑景观杂乱的问题。整体性与个体性概念主次不分、杂乱突兀,是中国城市商业街区中最为普遍的现象。追其根源有两方面因素存在:其一是管理审批部门的商业形象管理定位要求的制定与执行,这里也存在着认识高度与执行力度的辩证关系。其二是商家的认识行为所致,展开说就是自我表现欲(也可以称之为占有欲)太重和专业认识不足,这其中也包含两个方面:一方面是出自商家自身的原因,这类商业经营者从心态上都是想方设法扩大自己形象区的面积,不肯比邻家缩小分毫;从行为上不尊重专业设计,按着自己的意愿盲目地制造些吸引人眼球的造型、图案和色彩,还要配上巨大的文字;有些玻璃窗不是考虑如何设计成漂亮的展示橱窗,甚至贴满恶俗的广告大字,完全是一种强买强卖的精神推销行为,全然不知是美还是丑,更不会考虑它对整体建筑所带来的伤害。另一方面是商家尊重专业设计却因为设计师的认识水准不足造成的,忽略了加强环境整体观的意识(图3~图6)。

图3　　　　　　　　　　　　　　　　图4

图5

图6

三、匈牙利（佩奇）商业街区实考

1. 实考的目的与意义

通过对佩奇市城市综合景观的调研和实地感受，客观分析历史、社会、经济、文化、地域环境等基础因素的现状与背景，对研究中国社会以及设计教育方面有很好的借鉴意义。

2. 实考的认识与启示

佩奇是一个充满历史感的城市。街道像其他欧洲国家的老城区一样：经脉错综，非主要街道密集而且比较狭窄。建筑形象的呈现更像是一个欧式建筑的大拼盘，在这里可以看到欧洲不同时期、不同风格的建筑风貌。由于匈牙利没有受到第二次世界大战的战火损伤，所以城市建筑得到很好的保护。但从建筑用料可以看出，佩奇的财力并不十分富有，现今也依然，但他们的设计很巧妙，用造型和色彩弥补了这一缺陷；另外无论是古典装饰主义时期还是新艺术运动时期，每个建筑都有很明确的风格，他们的审美修养与浪漫情怀，使得建筑中存在许多精美的细节。佩奇的城市中心是以一个老土耳其教堂为中心的广场，向外发散的街道形成多条商业街，构成几个较集中的商业街区，当然，这里的商业街都称得上是历史建筑类的商业街（图7~图10）。

图7

图8

图9

图10

这里的建筑不少也是年久失修，同样存在着更新与改造问题。在考察期间，看到不少建筑正在更新改造施工当中，发现它们的"穿衣戴帽"：有些是只把外立面填补抹平、重新粉刷，有的只是将楼顶的瓦和内部龙骨架重新铺设，虽然仅仅是表面色彩与质感的翻新，但由于其本身就具有很明确的建筑风格，加上他们对色彩有着特殊的审美敏感，所以稍加粉饰就可以旧貌换新颜、重放光彩；另外还有些更新改造是变动比较大的，不但改变了原来的形象风格，而且在允许范围内，结合功能使用做了尺度较大的立面凸凹改造，呈现出另外一种风格，别具特色。在这里看到不同手法的"穿衣戴帽"，尽管经济投入有多有少、改造手法有繁有简、建筑风格有古典有现代，但它们始终保持在一个"大欧"概念体系下，所以不管是独栋体还是连排体，街区风格与色彩的整体性非常的和谐。当然也存有很多的不完美性：从内院或建筑体背后看，会发现不少改造只是做了"面子工程"，背后并没有处理，这和我们国内的很多项目很相像，这也许与资金实力有关吧。不过正是因为这样也方便了笔者的调研考察（图11、图12）。

图11　佩奇商业街区更新改造

图12　佩奇商业街区背面局部

佩奇的商业街区始终让人感到建筑整体性的存在，同时不同的经营内容有着不同的展示方式。店面招牌基本就在门头或窗口的套口内上方，轻易不会侵占到这之外的建筑立面，最吸引人眼球的是每个店形式各异的橱窗，商品的展陈各有特色，而且经常更换摆放内容与形式，这是这里商业形象设计的亮点。通常情况店面下班而橱窗灯还是亮着，让夜晚的商业街仍洋溢着商业与艺术的气氛。欧洲国家有着共通的习性：他们喜欢在户外、在遮阳伞下喝咖啡、啤酒、就餐和吃甜点等，从事餐饮的商家也只是摆放一些活动遮阳伞或在建筑体上安装可收放的遮阳棚，既起到所需功能的作用，又具美感增添了浪漫的商业氛围，同时也限定了桌椅范围，而且环境保持得非常洁净，使得街区看上去既整顿又不失商业的热度，还会体验到很聚人气的那种温馨、轻松、悠闲与浪漫感受。从这些景象不难看出，那里之所以和国内老商业街的形象效果不同，除了历史、地域、民俗、文化背景因素不同外，更关键的是发力角度不同，也可以说是认识度、审美度和价值观存在着很大的差异性，也就是我们通常说的综合素质（图13、图14）。

图13　佩奇商业街区局部立面

图14　佩奇商业街区一角

四、实践教学下的设计教育反思

现阶段我国设计教育大力倡导理论与实践并行的教学方式，新形势下要求教学内容紧扣社会需求，同时教学老师要充分了解行业信息与专业知识，包括应该具有一定的实践操作能力，它要求设计教育在强调主体专业的前提下，还得注重综合能力的培养。

作为商业设计师大多出自室内设计专业，在教学基础课程安排上都有《室内设计原理》这门课，室内设计基本原则的第二条就是："加强环境整体观"。现代室内设计的立意、构思、室内风格和环境氛围的创造，需要着眼于对环境整体、文化特征以及建筑物的功能特点等方面的考虑。也就是说，室内外环境兼顾。然而在商业设计要求上，尤其在视觉传达设计中，强调商业的识别性。所以，面对商业店面设计时，往往设计师顾此失彼，不能做到全盘考虑，于是乎在个人欲望的驱使下"内衣外穿"、"唯我独尊"等表现主义的设计就不断地出现在街区里面，从而出现了专业设计与自由设计共同破坏着整体的和谐性。这些因素的存在，一段时期以来，由于投资商与设计单位、施工单位等各个方面缺乏协调与沟通，曾导致相当程度上室内设计与建筑设计相脱节，不利于室内设计的可持续发展。室内设计教育培养的学生走出校门后不可能只做室内设计，还要有外延空间设计能力，因为现实中的项目不可能都是单纯的室内空间设计。因此在课程教学中应以正反列举的方式，强调环境整体观的重要性，做好延伸性设计的铺垫，并要明确讲授正确合理的设计方法。

通过对匈牙利（佩奇）历史街区与历史建筑的实考，分析了那里历史商业街区的状况和更新改造的原则与方法及呈现的效果，结合国内老商业街区的状况及问题引发思考与启示，初步提出一些国内老商业街区更新改造（"穿衣戴帽"与商业融合）的设计与运用原则的建议。前提是国家和地方相关管理部门要成立相应的专家管委会制定相关管理制度与具体文件要求，并做好预行改造方案的审批与执行。

设计与运用原则如下：

（1）以国家和地方相关管理部门所制定的相关管理制度与具体文件要求为依据；
（2）商业街区的形象设计要符合城市美学原则；
（3）老商业街区的更新改造（"穿衣戴帽"部分）要与城市的大环境相融合；
（4）老商业街区的更新改造（"穿衣戴帽"部分）要尊重本地区的历史性、地域性、民俗性等文化内涵，不做抄袭嫁接的无本之木；
（5）街区的建筑体除满足风格形象要求之外，还应充分考虑功能使用的需求；
（6）应遵行个体性服从于整体性，即商业街应保持建筑体的整体性，作为个体存在的商业复合体不能破坏建筑体的完整性；
（7）商业广告的形式、大小、制作与放置，要有明确的专业管理要求，但也要遵守美学法则，体现艺术的美感与活力，死板单一的"一条线"统一门头也是不可取的；
（8）老商业街区的更新改造（"穿衣戴帽"部分）要遵循经济性、生态性、技术性和安全性。

老商业街区更新的重要途径之一是在美学视野下寻找延续地域文脉的特征和在优化街区环境的同时实现居住生活功能与文化商业效益的和谐再生。近几年来，设计界开始重视建筑与室内设计的有机联系，并朝着健康积极、一体化设计的方向发展。环境设计教育需要根据其知识结构的特点和市场导向做出相应的调整。环境设计反映了人的精神文明和物质需求，直接体现了人类文明的进步，承载着人们对物质生产和精神生活的寄托，它和社会的发展结合得尤为紧密。

本文既是对社会问题认识的思考，也是对设计教育中存在问题的指出，希望能对老商业街区的更新改造建设有一定的借鉴作用。

资源·模式·打破壁垒
Resources · Patterns · Breaking down Barriers

内蒙古科技大学/左云 副教授
Inner Mongolia University Science & Technology
A. / Prof. Zuo Yun

摘要：通过参加第十届2018创基金4×4实验教学课题五个月的教学历程，体会了完全打破地域、院校间的壁垒，共享一流师资教育资源的创新教学模式。在研究课题、教学方法等方面对我校建筑学专业研究生教育进行了更多的思考，这次实践教学活动激发了学生们学习的主动性和积极性，作为导师也受益匪浅。

关键词：实践教学；研究课题；教学方法

Abstract: Through the teaching process of the 10th 2018 foundation 4&4 workshop experiment project for five months, I realized the innovative teaching model of completely breaking down the barriers between regions and universities and sharing education resources of first-class teachers. In these aspects, such as research subject, teaching methods of postgraduate education in architecture of our school has carried on deeply, Enthusiasm and initiative in students' learning have been stimulated in the practice activity. As a mentor I also got much benefit from it.

Key words: Practical teaching; Research topic; Teaching method

一、课题概况

第十届2018创基金4×4实验教学课题的主题题目是"人居环境与乡村建筑设计研究"，课题地点选择在河北省承德市兴隆县南天门满族乡郭家庄小镇。本课题以中央美术学院王铁教授、匈牙利佩奇大学巴林教授为课题组组长，41名国内外各高校的指导教师及设计企业的精英们，18所国内外各高校的26名研究生共同完成，其中研究生一年级学生11名，研究生二年级学生15名（匈牙利佩奇大学研究生二年级学生5名）。本课题为高等学校硕士研究生教学实践课题，教学大纲由课题组组长王铁教授担纲，涵盖了教学目标、教学方法、教学内容及整个课题的实施方案。整个课题实施过程共分为四个阶段：第一阶段实地调研、第二阶段开题答辩、第三阶段中期答辩及第四阶段终期答辩。

第一阶段实地调研：由责任导师带领学生到课题基地实地踏勘，结合前期资料的检索结果，实地了解当地的地形、地貌、历史文化等方面情况，从而引导学生发现问题、设定目标、寻找策略和技术路径，培养学生的学术研究能力。

第二阶段开题答辩：要求学生对前期调研的资料和文献进行梳理、分析，完成5千字的《开题报告》，主要内容通过PPT形式进行汇报，汇报地点为辽宁科技大学。

第三阶段中期答辩：要求学生完成3千字基本论文框架和设计草图，主要内容通过PPT形式进行汇报，汇报地点为承德市兴隆县政府办公厅。

第四阶段终期答辩：要求学生完成2万字论文和完整的设计概念方案，主要内容通过PPT形式进行汇报，旨在训练学生的写作能力与设计方案表达的多重关系，汇报地点为匈牙利佩奇大学。

本课题从2018年3月底开始至9月初结束，历时5个月时间。

4×4实验教学活动迄今为止已经整整持续了十年，始终坚持以教授治学为宗旨，打破各高校之间的学术壁垒，共享校际、校企、国际优质教育资源，建立通过实践课题的研究培养学生的理论知识和创新实践一体化的人才培养模式。我校建筑学专业首次参加此活动，笔者作为责任导师参与了整个课题的全过程，通过实地调研、开题答辩等各个教学环节，体会到不同专业的导师看待问题的角度与重点不同，随着思想的碰撞与启迪，在与其他院校的导师交流中收获颇丰，从而对我校建筑学专业研究生的教学进行了深刻的反思。

图1 我校学生参加2018创基金4×4实验教学课题作品1　　　　图2 我校学生参加2018创基金4×4实验教学课题作品2

二、研究课题与当今社会需求紧密结合

1. 我校建筑学专业毕业设计选题现状分析

毕业设计是建筑学专业人才培养过程中的重要综合性实践环节，毕业设计的选题直接影响学生是否能够综合应用基础知识和专业技能，能否有效培养学生发现问题、分析问题、创造性地解决工程实践问题的能力。由于近年来高校不断扩招，每年的建筑学专业本科毕业生数量居高不下，毕业设计的选题一般都根据指导教师的教学和科研方向自行确定，由于实际工程项目的周期与学生毕业设计时间往往不能同步，或者是学生毕业设计成果无法达到实际工程设计初步深度的要求，或者是实际工程项目难度系数与毕业设计教学要求不相符，或者是受到教师的科研水平和实践能力等诸多因素限制，毕业设计选题常常是假题假做或者是真题假做，往往一个题目使用2~3年，题目陈旧，与日新月异的社会发展需求严重脱节。

毕业设计任务书常常由指导教师给定，指定的基地选址、确定的设计内容，如建筑性质、各部分功能空间的大小等，学生充其量会对任务书做进一步深化和完善，在这种情形下，学生把主要精力放在按老师提供的任务书完成功能空间的组织和造型设计上，很少会主动深入思考建筑设计的目标和意义、建筑设计的社会价值、建筑设计的材料、技术等因素，设计分析流于程式化、套路化，设计方法论和设计系统性未能基本掌握和建立，直至研究生阶段，仍然摆脱不了以建筑本身为研究对象的局限性（表1）。

近两年内蒙古科技大学建筑学院硕士研究生学位论文基本理论二级分类统计　　　　表1

理论分类 年度	基本理论								总计 （篇）
	建筑 本体论	建筑 创作论	建筑 文化论	建筑 艺术论	建筑 技术论	建筑 环境论	建筑 信息论	其他	
2016年学位论文数	8	2	0	0	1	1	0	0	12
2017年学位论文数	0	2	0	0	1	0	0	0	3
总计	8	4	0	0	2	1	0	0	15

统计结果表明，在对基本理论二级分类的研究中，所有15篇建筑学基本理论的论文中，有关建筑本体论的学位论文数量最多，所占比例达到了53.3%。

我校建筑学专业研究生论文选题更偏向于理论研究，很少以实际项目为成果。常常通过阅读大量文献资料寻找类似课题，所选择的题目常常侧重于设计理论，侧重建筑本体论，对当前的热点问题、环境问题、生态问题及交叉学科领域的研究涉及较少，通过研究生论文选题这一环节可见我校研究生教育培养中存在的问题。

2. 4×4实验教学研究课题选题的启示

事实上，随着时代的发展，中国的经济和城市发展已经成为世界性的关注热点与重要课题，当代建筑学科所面临的诸多建筑发展与城市环境问题，已远远超出其传统的学科范畴，向着社会、经济、生态、技术等多个领域拓展，高校需要培养具有综合素质高、创新能力强的复合型全科专业设计人才，需要建立跨学科协作的概念，具备规划、建筑、景观的学科整合意识，掌握从建筑调研策划、方案构思到技术应用、规范表达的全过程设计训练。

本次4×4实验教学研究课题着眼于当前国家社会发展的热点问题，紧紧把握时代的脉搏，立足于城乡统筹发展，在城镇化进程中，为破解"三农"难题在设计理论和设计实践相结合的过程中进行了深入的探索，对特色小镇的建设具有一定的借鉴意义。

学生针对本次研究课题的开放性，紧紧围绕研究课题主旨，深入河北省承德市兴隆县南天门满族乡郭家庄小镇，将实地调研的大量数据信息采用科学的分析方法认知明晰、予以筛选、有效利用，自主发现问题、紧扣课题教学大纲拟定的任务书，明确设计方向，学习当地社会、历史、经济、生态等方面的知识，向技术领域迈进。学生依据自己的兴趣和对资料信息的分析结果确定相应的研究题目，因此，课题的研究内容范围十分广泛：民居、民宿、养老设施、停车场、公共厕所、景观、公共空间……涉及特色小镇建设的方方面面，百花齐放，极大地调动了学生的主观能动性，激发了他们学习和深入探索的积极性。4×4实验教学研究课题始终坚持以实践项目为导向的教学模式，突出了实践教学在研究生培养过程中的重要地位，理论教学和实践教学融为一体，真正做到了学以致用，为培养高质量的设计人才夯实了执业基础。

三、设计方法注重理性逻辑思维推演

建筑学专业是一门实践性很强的专业，传统的建筑设计教学方法通常会注重教会学生如何解决内在功能布局，从平面入手，根据功能分区，区分动静空间、私密与公共空间、主要空间与辅助空间等进行流线组织、空间组合、恰当的结构选型，进行深化主题的造型设计和细部的刻画，通过总平面、平面、立面、剖面、透视图的表达来阐释设计构思。随着时代的发展，社会生活的深刻变革和科学技术的飞速发展都将赋予建筑以新的内容，当今的建筑设计已经不再仅仅是单纯的功能与造型的问题，已经扩大到人类生活的整体环境上，我们的设计要从社会、环境、人的心理、生理、行为、精神需求等方面的深刻了解上开始着手，在实践过程中，必须去选择、整合跨界的知识与资源，接受各种相关的法规和条件的约束，构筑恰当的建筑语汇，形成满足目标所需要的建造体系。虽然在设计过程中充满了不确定性，很难通过固定的模式完成思考的整个过程，但是可以构建设计思考的框架，成为全过程创作的指南。

本次4×4实验教学研究课题围绕共同的主题项目进行开展。整个教学过程的意义、主旨、目标与实施、评价都是环环相扣的，保持了连贯的认知、思考与行动，在整个课题完成的过程中，始终抓住思维推演的主轴，从对课题的物质环境、人文环境、知识环境的调研收集资料开始，通过分析、比较和归纳，选取出可以利用的有效信息，通过对项目任务开放性的解读，从而构建设计问题框架，有效启动设计探索及概念创意，从而指明课题设计的总体目标，指引本项目有效创新的突破方向，构筑设计灵魂；通过对功能、布局等因素的深入探索，概念创意向建筑语言转化，落实到图纸上以表达建筑的空间构成、功能组织、结构选型、细部构造等方面，最终满足课题的综合要求。这是一个逻辑化、理性化、科学化的推演过程，不是靠简单的概念和玩弄奇特的造型就可以得出合理的结论，整个设计过程减少了对感觉、直觉的过度依赖，设计成果与课题项目的具体实际紧密结合。

随着时代的发展，以计算机为代表的科学技术给设计方法带来了新变革，如今学生们不仅可以通过模型和图纸表达设计方案，而且可以通过计算机辅助设计软件更形象、更深入高效地表达方案，可以对建筑进行日照分析、热环境分析、风环境分析……未来在4×4实验教学研究课题的设计成果表达中，一定会出现BIM技术、VR技术的使用，通过虚拟的三维场景，可以看得见、听得见，甚至可以置身其中去体验建筑与环境的材质、光感、建筑细部构造等，通过对真实世界进行模拟仿真，进一步推动设计与表达的深度和广度。

四、联合教学的意义

本次4×4实验教学研究课题活动中，责任导师团队来自19所国内外各高校，领军人物更是国内一流院校的名导师们，他们身先士卒、精心策划、高瞻远瞩，改变了传统的、封闭式的教学模式，打破各院校间的壁垒。同时还包括来自名企业的一流导师团队，他们有着丰富的实践经验，更是培养有实际动手能力的研究生教学的坚强后盾。通过联合了匈牙利佩奇大学的国际化交流平台，使建筑学、环境艺术设计及相关专业的师生们在教学过程中能够互动、互融，开阔了视野，通过文化的不同、专业视角的不同，互相启迪，取长补短，最大化地共享了优质教学资源，为人才培养提供了最有利的师资保障。

在本次4×4实验教学研究课题的教学过程中，从课题调研到各阶段的答辩，作为责任教师能够聆听到各院校学术带头人的现场指导，通过对学生课题研究中出现问题的敏锐洞察，对课题发展方向循循善诱的引导，无不展示出他们丰富的教学经验和深厚的实践功底，受益匪浅。特别是我们普通地方院校研究生一年级的学生，与其他著名院校的学生们能够共同学习，享受强大的优质教育资源，接受各校教师的共同指导完成课题的全过程，对其一生具有巨大的促进作用。在紧张而有序的教学过程中，普通地方院校的学生看到了与一流院校学生之间方方面面的不足与差距：他们丰富的创意想象力、清晰的设计思路、缜密的逻辑思维、扎实的专业技能、快速的工作推进都令人望尘莫及，特别是佩奇大学同学们的研究课题小而精，来源于实际生活中，设计过程以人为本，分析过程细致入微，严谨朴实，设计成果完整详实而充满创意，富有艺术审美情调，让人从心灵深处为之动容。虽然短时间内无法填补这赫然的鸿沟，但是通过参加4×4实验教学研究课题活动充分调动了学生学习的主动性和积极性，开阔了眼界，提高了设计的创新能力。4×4实验教学研究课题活动为中国设计教育的发展提供了可借鉴的经验，使得不同地域、不同学校、不同专业背景、不同课程体系的师生们能够共同进行教学改革实验，特别是对师资匮乏、教学模式落后的边远地区高校的设计教育来说是一次真正的"教育扶贫"！百年树人，功在千秋！

五、结语

国务院学位委员会自1991年开始批准设置专业研究生学位，专业学位研究生教育的发展迄今为止只有短短的二十多年时间，相比欧美的近百年专业学位研究生教育来说，无论从丰富的管理和实践经验来说，还是其先进的培养模式都需要我们迎头赶上。随着市场经济对人才需求的不断提高，全面素质人才的知识结构需要动态调整，不断完善，4×4实验教学研究课题平台引领中国设计教育迅速融入国际舞台，以实践项目为核心，从研究课题、教学内容、教学方法上不断大胆创新，遵循科学性、系统性、规范性原则，弥补了通常研究生教育理论课与工程实际相脱离、毕业论文形式单一的缺陷，为培养高等教育复合型人才，构建了中国设计教育培养模式概念新框架。虽然经历一次实验教学活动并不能解决设计教育中存在的所有痼疾，但全过程参与者必定会对设计教育有更深一步的认识与反思，或多或少地会对各校的研究生设计教育起到推动作用，由量变到质变，终究会使中国设计教育质量得到稳步提升。

徜徉在匈牙利佩奇市的塞切尼广场上，耀眼的阳光，清新的空气，周围充满历史痕迹的古老建筑鳞次栉比，明快的色彩，宜人的尺度，居住环境令人艳羡，有幸穿行在欧洲建筑中，亲历曾经书本上的传说，在真实的景物中探究已有的认识，不断纠正，不断前行……

图3　佩奇市塞切尼广场

参考文献

[1] 黄海静，邓蜀阳，陈纲. 面向复合应用型人才培养的建筑教学——跨学科联合毕业设计实践[J]. 西部人居环境学刊，2015, 30(6): 38-42.

[2] 张秋皇. 当前典型建筑创作理念探讨[D]. 西安建筑科技大学硕士论文.

教学根植于乡村振兴
Teaching is Rooted in the Revitalization of the Countryside

四川美术学院/赵宇 教授
Sichuan Academy of Fine Arts
Prof. Zhao Yu

摘要：案例教学是哈佛商学院倡导的教学方法，"四校四导师"实验教学课题长期以来针对具体案例进行毕业设计实验教学，结合艺术设计专业课程的特点，在课堂教学中导入乡村建设的实践案例，引导学生以艺术设计服务社会，2016年、2018年两度以案例教学介入乡村的振兴战略，为实验教学提供了充实的"实践性"前提，本文从案例教学方法梳理入手，通过分析乡村振兴的环境需求和设计干预的力度，研究案例教学的设计实践应用，为建立学生设计成果效益转化的特色课堂探索途径。

关键词：案例教学；乡村振兴；特色课堂

Abstract: Case teaching is a teaching method which proposed in the Harvard Business school, The "4&4 Workshop" Experiment Project has long been a graduate design experiment project for specific cases, in classroom teaching, according to the characteristics of the artistic design specialized courses and the practical cases of rural construction are referenced to guide students to serve the society with artistic design, the revitalization strategy of involving the countryside with case teaching twice in 2016 and 2018 provides a substantial "practical" premise for experimental teaching. This paper starts with the case teaching method, through the analysis of the environmental requirements of rural revitalization and the intensity of design intervention, studies the design practice application of case teaching to establishes a characteristic classroom exploration path for the transformation of student design results.

Key words: Case teaching; Rural revitalization; Characteristic classroom

  案例教学法是一种以案例为基础的教学法，通过案例的组织和对案例的分析研究与应对解决，把抽象枯燥的设计理论与现实的设计任务相结合，使普遍性的理论观点和特殊的事实材料相统一，记忆性的知识学习和操作性的分析思考相统一，教师在教学中扮演着设计者和激励者的角色，与学生的关系则从传统教学中相互对立的主从关系转化为伙伴合作关系。就设计专业而言，案例教学导入了具体的设计目标，将作业练习转化为设计实践，从而完成一次设计的实战演练。

一、案例教学法概述

  古希腊哲学家苏格拉底开创的"问答式教学法"教学是案例教学的先河，它通对话式的辩论，一问一答，不断揭露辩论者双方的逻辑矛盾，迫使对方自我觉醒，厘清事实与概念，被称为苏格拉底式教学法。他的学生柏拉图师承了这种教学方法，将"问答式教学法"编辑成书，通过一个个故事来说明一个个道理，从而首创了历史上最早的案例教学法（图1）。由于"苏格拉底式教学法"传播效果明显，接受度高，很快就被宗教教义的宣传讲解采用，导致宗教典籍大多避免直书道理，换用一个个生动隽永的故事来宣讲教义，使听众印象深刻，并从中领悟玄机。《圣经》可以说是案例教学的典型教科书，牧师布道就是在进行生动的案例教学。

  19世纪70年代，"苏格拉底式教学法"，即"案例教学法"被时任哈佛法学院院长克里斯托弗·哥伦布·朗德尔（Christopher Columbus Langdell）引入哈佛大学的法学教育，以法院判例为教学内容，在课堂上让学生充分参与讨论，对案例进行分析研究，并以假设的案件审判作为考试题目。他在教学中强调了学生的参与和实践的重要性，将教师讲授的力度和重要性降低，从而调动了学生主动思考和学习的积极性，成为法学教学的经典方法，进而成为大学教学的主流方法。

1. 案例教学的接受对象

案例教学法教学需要一个基本的前提条件，即学生能够通过对案例的组织整理、分析研究、讨论辨析和发现探究过程来进行学习，使个人在对情况进行分析的基础上，提高承担具有不确定结果风险的能力，在必要的时候调动并应用这些通常是管理者和专业人员所必需的知识与技能。案例教学法非常适合于开发分析、综合评估、创造发明等高级智力技能行业，在法学、医学、工程技术等领域的教学中应用广泛。

针对环境设计专业的案例教学，需要学生具备基本的专业基础理论知识和专业的设计表达能力，能够就学习案例进行必要的综合分析，能够结合设计实践进行问题梳理与问题解决，能够运用案例教学的引导完成设计成果的呈现。

2. 案例教学的优势

（1）鼓励学生独立思考

传统的教学只告诉学生怎么去做，而且其内容在实践中可能不实用，乏味无趣，在一定程度上损害了学习的积极性和学习效果。但案例教学不会直接要求你怎么办，而是通过案例研究分析，自己去思考应该怎么办，应该如何去创造，使枯燥乏味变得生动活泼。在整个教学过程中，

图1　拉斐尔.桑西　壁画《雅典学院》局部　古希腊先哲的对话
（图片来源：西方油画艺术长廊）

学生既要提出问题与提出设计，还要就自己和他人的方案发表见解，通过这种独立思考和主动介入，形成经验的交流，促进专业技能和人际交流能力的共同提高。

（2）变注重知识为注重能力

知识不等于能力，知识应该转化为能力。环境设计本身是实践特征明显的专业，理论知识必须通过设计实践加以转化才能成为有价值的创造性成果，如果单纯强调书本的死知识，忽视设计实践能力的培养，不仅对自身的发展有着巨大的障碍，也难以创造为社会所接受的有效成果。案例教学正是解决实际需要而产生和发展的，从实例中学习，并创造新的案例——自己的作品。

（3）重视双向交流

老师讲、学生听是传统的教学方法，教学结果需要测验考试后才知道，而且学到的基本是书本知识，缺乏针对性和实践过程。案例教学则是学生直接进入具体案例，进行消化理解、查阅理论知识、分析辨析利弊优劣、提出问题与解答问题以及在这些过程中进行交流与表现，这无形中加深了对知识的主动吸收和应用理解，促成了能力上的升华。在这样的教学过程中，导师的作用，由传授者转换为案例的参与者，身份与学生对等持平，但又需要对学生进行专业方向的引导，促使教师加深思考，根据不同学生面对的不同问题补充新的教学内容，形成双向交流的教学途径。这种教学形式对教师的专业素养、专业知识和教学能力提出了更高的要求。

3. 案例教学的特点

（1）目的性。选取针对教学要求的独特而又具有代表性的典型事件，让学生通过阅读、思考、分析、讨论，建立起一套适合自己的完整而又严密的逻辑思维方法和思考问题的方式，以提高学生分析问题、解决问题的能力，进而提高素质。

（2）真实性。案例所描述的事件基本上都是真实的，不加入编写者的评论和分析，由案例的真实性决定了案例教学的真实性，学生根据自己所学的知识，得出自己的结论。

（3）综合性。案例教学的分析、解决过程较为复杂，学生不仅需要具备基本的理论知识，还要具有审时度势、权衡应变、果断决策的能力。案例教学的实施，需要学生综合运用各种知识和灵活的技巧来处理。

（4）启发性。案例教学不追求答案的绝对正确，注重培养学生独立自主地去思考、探索的能力，启发学生建立一套分析、解决问题的思维方式。

（5）实践性。学生在校期间就能接触并学习到设计实践案例，参与具体项目的设计实践，针对实际项目的现实条件和明确需要进行设计训练，设计成果有条件转化为真实项目。

（6）主体性。在案例教学中，学生始终是过程的主体，教师是引导者和事件的参与者，由于不预设结果，学生的角色尤其突出。

（7）互动性。通过四校四导师这样的国际化合作教学平台，案例教学成为根据价值的动态过程体验，老师与学生、教师个体与学生群体、学生与学生、学生群体与学生群体、学校与学校、中国院校与国际院校、中国师生与国际师生、学校与项目建设地方等多元全面的交往，促成良性有效的师生互动、生生互动、校校互动、国际互动。

二、案例教学服务乡村振兴

1. 四校四导师实验教学对乡村建设的介入

从2009年第一届"四校四导师"实验教学课题开始，由中央美术学院王铁教授主持的针对环境设计专业方向的实验教学合作项目已经进行了整整10年，组织了10届学生参加这种以案例教学为导向的校际合作与国际合作课题。2016年、2018年两次，以河北省承德市兴隆县南天门满族乡郭家庄小镇等乡村环境改善设计为实践案例，组织17所国内知名高校和匈牙利佩奇大学的建筑、环境设计类专业直接介入中国乡村建设进程，组织大学本科毕业生以毕业设计模式，或研究生以案例教学的模式，参与到改善农村人居环境的大事件之中，提供设计方案100余份，形成了丰硕的成果，使学生在实践性的案例设计中学到了知识，提升了能力，培养了关注社会需要、服务社会发展急需的设计品格，也为兴隆县的乡村发展提供了真实的参考实例，促成了当地人居环境的持续向好和经济文化的良性发展。并通过多地多校和国际的交流合作，实现了教学成果的有效扩散，产生了良好的辐射影响。

2. 乡村振兴战略为环境设计提供了大舞台

十九大关于"乡村振兴"战略精神和习近平在指导美丽宜居乡村建设工作中的各项指示中，指出乡村文明是中华民族文明史的主体，农村是我国传统文明的发源地，乡土文化的根不能断。强调新农村建设要注意生态环境保护，注意乡土味道，体现农村特点，保留乡村风貌，坚持传承文化，发展有历史记忆、地域特色、民族特点的美丽城镇。乡村振兴战略为建筑环境设计专业提供了广阔的开拓平台，为学生未来的事业发展提供了无限的空间。乡村环境不同于城市，具有很强的地域性和个性特征，包含的设计要素非常丰富，更适合艺术设计个性化的施展，为艺术设计介入乡村建设，服务乡村振兴创造了很多可能的条件，利用案例教学在介入乡村设计中的多重优势和突出特点，鼓励学生运用课堂理论知识，打好服务乡村设计的基础。课程知识类型、乡村特征、在地文化等，是认知、保护、传承、发展中华文明的有效途径。今天的设计创新，依托于传统文化的借鉴、吸收与创新应用，乡村的特色化正是来自于此，乡村的振兴也依托于此。

3. 乡村建设实践案例

近年来，围绕乡村人居环境改善命题，笔者以环境设计服务社会急需，完成了一系列乡村建设课题，对开展以乡村振兴为目标的案例教学创作了良好的前提条件。2012～2015年，完成了"重庆市走马古镇传统景观延续计划"，对走马古镇进行了清理保护和有限修复，完成了街道梳理、节点优化、风貌恢复、文化发掘与展现等相互关联的任务设计，为一度败落的乡村环境注入了新的活力，促进了当地人居环境的不断更新。这是一个跟随历史足迹的研究与设计过程，与古镇的平淡普通一样，没有大拆大建，不追求轰动效果，陈旧的依然陈旧，过时的依然过时，设计的只是让荒芜变成沧桑、让破败变成痕迹、让沉沦获得生机、让乡土勾起乡愁。以传统的材料、历久的工艺、顺应自然的方法和当今的理念，使一段朴实而珍贵的乡土景观避免了消亡，重获了可持续发展的动力。设计获得了"第五届重庆市美术作品展览暨第十二届全国美展重庆送选作品展二等奖"、"为中国而设计第六届全国环境艺术设计大展暨论坛中国美术提名奖"、入选第十二届全国美术作品展览（图2、图3）。随着乡村建设力度的逐步加强，随着针对乡村建设研究的不断深入，近年来完成了一系列当地乡村环境的改造设计，如九龙坡区金凤镇"改善农村人居环境市级示范点"设计（图4），已初步建设完成，申报多项建设部项目获得成功，成为重庆市改善农村人居环境示范典型，进行市级范围的推广；另外还有重庆市江津区慈云镇"江津区田园水乡改善农村人居环境市级示范片设计"、重庆市大足区龙水镇"大足区龙水镇美丽宜居村庄院落环境整治设计"、大足区棠香街道"大足区龙棠香街道美丽宜居村庄院落环境整治设计"等；完成国家艺术基金传播交流资助项目"'重拾营造'——传统村落民居营造工艺作品展"的申报立项和展览，积累了乡村营建系统的理论方法与实践经验（图5）。

这些乡村建设项目的实践案例，给旨在服务乡村振兴的案例教学提供了充足的样板实例，有效保证了参加项目的学生和团队在教学过程中的目标清晰和有的放矢。

图2　乡土 留乡情——重庆市走马古镇传统景观延续计划1

图3　乡土 留乡情——重庆市走马古镇传统景观延续计划2

重庆市金凤镇"美丽乡村"特色院落环境改造
——"石家槽房"院落

重庆重庆市九龙坡区金凤镇坚持创新、协调、绿色、开放、共享的五大发展理念,以建设美丽乡村为主线,以美化"十"个特色院落为载体,以传承文化和建筑美观实用为重点,积极开展田园建筑推广,倾力打造"山水田园,五彩金凤"。

该镇典型田园建筑"石家槽坊"院落位于九凤村4组,有13户人家,毗邻九凤级山3A生态旅游区,有良好的交通条件和地理优势,因古时有石姓人家在此开了家酿酒坊和幺店子而得名。改造采用当地材料和民间工艺,涉及建筑11栋,面积约8370平方米,并对院落周边道路、环境进行整治完善。同时,以酒文化为主题背景,彰显民间文化传统的酿酒历史,修建酿酒景观节,恢复水车,整修牌坊凉亭,修缮古井。改造后的院落,功能配套更加合理,环境条件更加完善,田园乡村特色更为突出,农户满意,游客高兴,成为"望得见山,看得见水,记得住乡愁"的美丽家园。

院落改造理念
1. 充分利用现有建筑,保持田园景色与民居院落的有机联系,延续乡土景观的演化脉络。
2. 整治清理院落环境,完善庭院道路和周边环境,消除安全、卫生隐患,方便居民活动。
3. 留住农耕传统技艺,恢复民间手艺作坊,展现地方生产生活特色。
4. 重拾历史文化元素,为建筑赋予乡土艺术灵观,使院落的视觉内涵活获得提升和丰富。

院落改造方法
1. 设计先行,通过设计来体现改造理念,有的放矢。
2. 农户参与,调动院落居民积极参与支持院落改造。
3. 利用本地材料,体现乡土特色。
4. 规范作业,程序合法,质量达标。

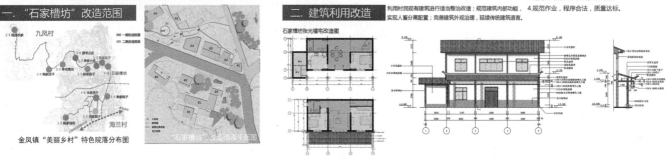

图4　九龙坡区金凤镇"改善农村人居环境市级示范点"设计

图5　国家艺术基金项目"'重拾营造'——传统村落民居营造工艺作品展"拍摄:韩斌

三、案例教学的特色课堂

1. "特色课堂"要依托成熟的专业课程

"特色示范课堂"的成功,要依托成熟的专业课程。"案例教学服务乡村振兴",需要围绕乡村话题展开对话式教学、引导式介入和伙伴式合作,其依托的是教学单位在专业基础课程中的知识点建构,如环境设计概论、设计表达基础、设计构成基础、建筑设计基础等基础知识准备,如专业设计原理与方法的知识准备,形成案例研究的基本条件,能够就设计案例展开有针对性和专业深度的解读、分析和研究,能够将研究的成果以合理的方式予以表达和交流,能够运用专业基础知识和设计的能力,对实践案例进行考察调研、分析解读,并提出问题和寻找答案,最终形成有效的设计成果(图6)。

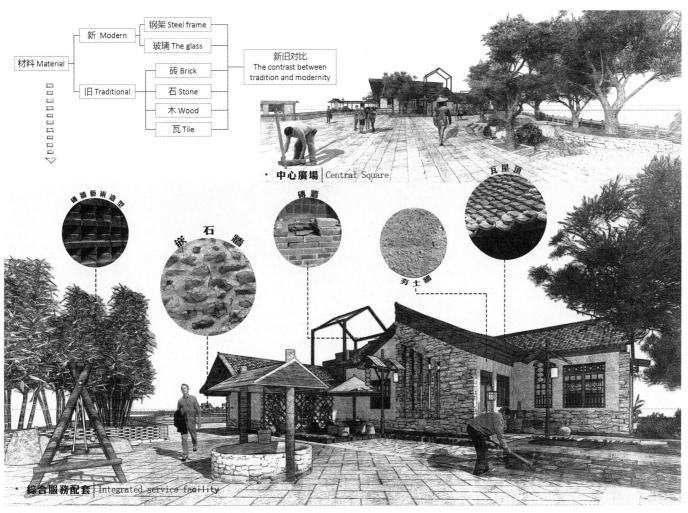

图6　2018四校四导师实验教学课题案例设计"乡村公厕"作者:马悦

2. "特色课堂"的特色教学

案例教学必须以专业特色进行启发式、类比性、情感化的教学模式,与学生建立伙伴与合作的关系,避免结论先行的逻辑推演。特色教学包括以下几个部分:

(1) 任务导向的目标教育

以服务"乡村振兴"为目标指导学生进行乡村建设的案例教学,从归类整理、设计构思与设计表现各个环节,引导学生从乡村特点和乡村人居环境的需求出发,展开乡村环境的设计实践。

(2) 价值认同的可视化

在教学过程的引导讲授、资料整理、设计构思和设计表达等环节,适时组织学生进行专题讨论,指导学生学习、思考和认识乡村环境在传承乡村文明、延续传统文化中的重要价值。

(3) 专业介入的能动性

利用网络平台的资讯和乡村走访的实际感受，把乡村景观资源优势、乡村现状条件和乡村发展战略结合思考，提出乡村振兴与发展的适应性和创新性设计方向，为乡村振兴战略的实现提供参考和贡献。

四、结语

党的十九大以来，习近平总书记就建设社会主义新农村、建设美丽乡村，提出了很多新理念、新论断、新举措。强调中国要强，农业必须强；中国要美，农村必须美；中国要富，农民必须富。强调乡村文明是中华民族文明史的主体，村庄是这种文明的载体，耕读文明是我们的软实力。强调农村是我国传统文明的发源地，乡土文化的根不能断，农村不能成为荒芜的农村、留守的农村、记忆中的故园。强调搞新农村建设要注意生态环境保护，注意乡土味道，体现农村特点，保留乡村风貌，坚持传承文化，发展有历史记忆、地域特色、民族特点的美丽城镇。

借助"四校四导师"实验教学课题，导入案例教学方法，使教学与国家发展的战略相结合，对培养符合时代需要、具备先进思想、敢于实践、热情创新的专业设计人才具有重要的现实意义，在建设美好家园的过程中发挥重要作用。

参考文献

[1]（美）小劳伦斯·E·林恩（Laurence E. Lynn）. 案例教学指南[M]. 中国人民大学出版社，2016.
[2] 罗翔. 从苏格拉底"问答法"走向建构主义"案例教学法". 文史博览（理论），2010，07.
[3]（日）田中一光著. 在设计中行走[M]. 王庆，译. 机械工业出版社，2017.
[4] 本书编写组. 中共中央国务院关于实施乡村振兴战略的意见[M]. 人民出版社，2018.

地域性、民族性：云南建筑室内空间陈设艺术实践
Regional and National Art Practice of Interior Space Display in Yunnan Architecture

云南昆明纳楼空间设计首席设计师，4×4实践导师/杨晗
Chief Designer of Nanlou Space Design in Kunming, Yunnan
Yang Han

摘要：近些年来，关于地域文化的研究呈现空前的热潮，云南是一个少数民族众多的省份，除汉族外，有25个少数民族拥有独特的地域性、民族性特色，这些代表着云南的文化向全国展现着特有的生命力和魅力。一时间，地域文化特色设计如雨后春笋般在中国大地涌现。但是，文明与文化的冲突是中国现代化进程中的孪生伴侣，大众传媒的介入与信息流动的快捷很快促使这种基于地域文化特色的设计再次概念化、同质化，失去了原有的特征。

关键词：视角；误读；扩展；原创

Abstract: In recent years, the research on regional culture has shown an unprecedented upsurge. Yunnan is a province with a large number of ethnic minorities, with the exception of the han nationality, there are 25 ethnic minorities with unique regional and national characteristics, which represent the culture of yunnan showing its unique vitality and charm to the country. All of a sudden, regional cultural characteristic designs spring up like bamboo shoots in China. However, the conflict between civilization and culture is the twin partner in the process of China's modernization. The involvement of mass media and the rapid flow of information have made this design based on regional cultural characteristics conceptualized and homogenized again, losing its original features.

Key words: Perspective; Misreading; Extension; Original

一、绪论

1. 研究的目的

（1）云南是一个少数民族众多的省份，通过对云南民族性、地域性文化影响下的传统住区环境分析，明晰形成了民族独特性的文化根源。

（2）针对云南民族性、地域性文化在住宅内部空间环境应用过程中存在的问题提出个人见解，并期望论文的研究成果，能够用一种新的视角对现存问题的改善提供一种思路。

（3）前人对于云南民族性、地域性文化载体的传统建筑、绘画、雕刻等领域研究较深，论文力求在前人研究的基础之上综合归纳，从空间设计和陈设艺术同步的角度唤起对云南民族、地域文化特色更深度的挖掘，通过更独立的思考进行创造，以应用为最终目的。

2. 研究的意义

云南的民族独特性、地域性特色是千百年来民族文化沉淀出来的。21世纪的城市，不仅是经济的竞争、科技的竞争，更是文化的竞争、环境的竞争。而作为地域文化的承载体，以自信的眼光来看待云南民族地域性、民族性特色，以新的视角看待空间设计和陈设设计同步的民族文化，营造一个充满地域"归属感"的内部空间环境，从赢得心理认同的层面出发，对于控制当前出现的环境文化混乱、环境冷漠具有实际的意义。

3. 国内研究现状

由于横断山的阻隔，形成了云南封闭半封闭的地理环境，也因此而形成了人文环境中的意识横断，超稳态的文化结构、多民族杂居带来的文化融合、"慢半拍"的生活节奏和观念意识，形成了云南独特的地域性和民族性。

赫尔德认为，"每一个民族都有一个内在核心，就像任意一个球都有重心一样"。所以，每个民族都是有独特

性的,都是独一无二的。少数民族地区保留了特有的生活方式和民族自信,我们对民族性的坚守与超越必须做出认真思考和慎重抉择,用研究的眼光看待问题并开拓新的视角。

我们有必要弄清楚"民族性"这一概念的内涵是什么?它至少包含内容、形式和审美心理三个方面的内容,即鲜活的民族生活内容、独特的民族表现形式、鲜明的民族气派和民族审美风格。而民族性不是一个抽象的绝对概念,而是一个相对的具体概念,纳西族的东巴文化、大理的手工扎染、佤族的木鼓、南涧的彝族跳菜等都是民族的。

云南少数民族文学应该坚定不移地坚守地域性、民族性,以民族自信写出自己的鲜明特色,不可替代的特色,用研究的眼光看待民族文化,无论低调高调,一定要有腔调。

二、云南独特的自然人文条件形成的空间及环境的调性

人们在喧嚣与忙碌中,逐渐走得被动与迷茫。本质的需求是关怀、安全感、接触、生命力。这是近年来空间设计界所强调的关于空间温度的核心。云南的自然人文状态让我们审视人与自然、人与空间、人与生活最本质的关系,找到空间的温度。

大理这十多年自然形成的外来人口的栖居就充分说明了云南的自然人文所透露出的人们内心的渴望。

1. 云南自然条件对空间设计的影响及对陈设设计的铺垫

云南有全中国最丰富的自然条件。流云、高山、大树、小小的村落,阳光、骤雨、微风、气象万千。大美的云南使人们在与自然相融的生活方式中与山水同居中,形成了敬畏自然、向自然学习,并从中提取秩序、人格、道德、审美的观念(图1~图3)。

我们在"元阳·香典十二庄园精品民宿"项目的调研期间,两天的时间里体验了云影斑驳、稻浪起伏、巨木参天、泉水喷涌,学习了哈尼人几千年来对土地、水源、温度的态度,学习了他们从中找到的尊重和秩序。由于现代化都市信息的干扰,项目所在地完全不是我们想象的样子,资料里显示的原本从土地中生长出来的蘑菇房几乎全无踪迹。那些令人神往的、真正来源于大地的建筑被水泥、彩板瓦以野蛮的姿态所霸占,包括村里古老的大树。村里的人们感觉到发展所带来的问题,带我们翻山越岭,走访了仍然保留蘑菇房的人家。我们被土石、山草所构建出的大山中的建筑所感动。这是千百年来人们与大自然共处、共生的智慧结晶(图4)。我们准备在有限的条件下,对现有的二层半简易砖混房,从营造的态度和手法上,结合现代设计观念,向传统致敬。

图1

图2

图3

图4

和我们研究现有建筑外形上和蘑菇房相去甚远的造型比例,对建筑的体量和比例重新解构,在近景的素材研究上:(1)结合水泥、砂土、草杆、色料,研发新型的土房气质的外墙材料。(2)还原传统垒石的砌筑方法,调动村里的工匠,以现代庭院审美观,优化建筑外观及庭院感受。(3)还原蘑菇房的草顶工艺,通过对形态、体量的控制,让传统的草顶结构吻合现有建筑形态。与此同时庭院陈设的自然、自由的调性自然形成。室内空间的营造上,我们尽可能把空间取景大量留给自然景观,以适当的手法突出了"取景框"的效果,充分表达了对自然的尊重,在室内墙面材质的应用上,以稻田谷壳为辅料,色彩保持白色的克制状态,在批抹墙面的过程中出现自然的微弱泛黄。木构的应用上既有现代构成的体和线的结构关系,又有民间简约整体的气质,油漆颜色也尽量贴近当地树种所呈现的自然木色。在这样的语汇下室内陈设的调性已有了充分铺垫(图5~图7)。

图5

图6

图7

2. 云南人文环境对空间设计的影响及对陈设设计的铺垫

云南聚集了26个少数民族,是人们所共知的多民族、多文化汇集的地域。历史所形成的文化的多样性、开放性和文化融合性是区别于全国其他省份的重要特征。身在云南的空间设计师是幸运的,除了大自然给予的领悟,也可以在云南的民风中得到充分的教导,将感受带入空间设计中。

当代设计中常常提到"设计即生活",云南设计师在自然人文的熏陶下,将对生活的理解带入设计意念中。尤其值得一提的是有着1200多年历史的老昆明城。作为中国西南边陲的历史名城,沉淀了丰富多彩的文化与民俗。昆明老城高原阳光下透明的青灰色调、中西合璧的建筑样式、四时鲜花不断的生活场景、米线店与咖啡馆毗邻。这些古老的城市印迹被新城的发展辗压得气若游丝,而昆明人现代生活中仍保留着旧时丰富、悠闲、浪漫的腔调,所以在我们的设计经验中,以独特的空间氛围、戏剧化的陈设效果,延续着这些腔调往往会带给人们不同寻常的有意义体验。

我们在"元阳·香典十二庄园精品民宿"项目的空间设计中,带着对云南都市慢生活的思考,对当地哈尼族的生活做了表现与提炼。云南各少数民族都有以歌舞表达内心喜悦的形式,其感染力是非常珍贵的。哈尼族村寨有长街宴的习俗,在空间设计中,我们把这些场景都做了巧妙预留。火塘是哈尼人家温度的核心,具有很强的向心力和社交属性(图8)。而这些所有场景设想都在空间设计的同时也进行了充分的、具体的陈设设计。在客房空间设计中,我们预留了由生活器皿和自然花草自由结合的陈设场景,意在传递不经意间轻而易举塑造的美,给人以生活在别处的美好感受(图9)。

图8

图9

三、云南在地性、民族性特色陈设艺术的调性

由于云南民族文化的历史悠久,民族支系的传承和文化独立性比较完整。云南民间工艺具有丰富性、多样性、鲜明和质朴、率真的特点。

1. 形式的特点

云南民间工艺在造型方面带给我们一个很深刻的印象:真诚、纯粹,没有哗众取宠也没有无病呻吟,它是坦诚、直率和真切的。深入观察时,便会深切感受到这一点。我们所看到的云南民族民间工艺造型通常给人以刚毅、简约、敏捷流畅、温厚顿拙、洋洋洒洒的印象,尽显自然本色,鲜有故意加工和炫耀的成分。其主流可以说是粗中见精、大直若曲、大巧若拙,非常可贵。

云南的木作装饰构建、民间用品的器型、纺织品图案当中有大量的几何造型,这些都是当代艺术中非常珍贵的素材(图10~图14)。在空间陈设设计中,我们非常珍视云南民族民间工艺的这些形式特征,将场景中的形体,融入到那些令我们看到本色的、真诚的、率性的、流畅的感受中。

在"元阳·香典十二庄园精品民宿"项目里,我们象征性地选用了大型的酒缸作为花器,皮口袋作为酒店置物袋,鸡笼作为灯具,将民间器物和酒店装饰、物品结合,尽显自然和谐(图15~图17)。

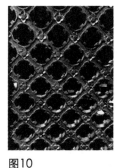    

图10　　　　图11　　　　图12　　　　图13　　　　图14

图15

图16

图17

2. 质感的特点

由于云南自然环境的影响，云南民族民间工艺具有明显的自然性和乡土性。因此，质感呈现出朴素、清新、丰富、温和的特征。

在云南民族民间工艺的质感中，最具代表性的有哑光的原木、温厚的陶艺、厚润的流釉、天然麻棉材料的织锦、手法丰富的叠绣、镶嵌工艺、天然的手工纸、硬朗铿锵的银、铜制品，显现出扑面而来的朴野与率性。

我们在陈设用品质感的选择上，非常注重和空间的呼应关系，坚决摒弃刻意造作的精细质感，呈现温暖、低调、不卑不亢的姿态，这也是现代文明所追寻的一种精神特质。

3. 色彩的特点

云南的民间色彩在空间设计领域或是媒体的传达中通常给人斑斓夺目的印象，在补色的对撞中，我们能感受到这样的热烈丰富。而在傣族织锦、苗族刺绣中，我们也能看到间色、复色巧夺天工的应用（图18~图20）。色彩在图案中自由的信手拈来，有很浓烈的爱意或是显而易见的娱乐性。云南民间色彩中，亦不乏删繁就简的素朴、古雅、沉着安然，就像丽江束河那位老奶奶的著名话语"人生的终点都是死亡，何必走得那么匆忙"。在"元阳.香典十二庄园精品民宿"项目的陈设设计时，我们看到了哈尼人民敬天、温和的一面，当地妇女合体清秀的着装给人耳目一新的感觉。色彩应用中，我们提取了当地令人印象深刻的、单纯的土布蓝为主色，辅以少量哈尼红色搭配的刺绣品，延伸出酒店用品，形成具有哈尼精神特色的色彩关系（图21）。

图18

图19

图20

图21

四、具有云南特色的陈设艺术品的创作手法

1. 陈设艺术品中的单品应用

由于云南工艺制品丰富多彩，可应用的单品极其丰富。如大理新华村的银、铜制品，大理木雕制品，尼西、傣族地区的粗陶制品，华宁绿釉制品，各民族的手工刺绣品，都可以根据空间的需求搭配使用，形成非常具有特色的装饰效果。但由于旅游业的盲目发展，很多工艺品形象粗陋，歪曲了民族民间工艺品真正的艺术审美价值，在使用的时候，陈设设计师需要具备足够的甄别能力。

2. 陈设艺术品中的变通应用

云南手工艺制品形态自由、朴拙、自然甚至抽象，所以为陈设设计师提供了更多灵活使用的可能性。例如，陶罐、竹篓、铜件都可以改变原有功能，成为灯具或立体构成组合的物件。很多民间木制品也可以通过组合，形成有雕塑意向的装置（图22、图23）。

3. 陈设艺术品的组合思路

云南民族民间工艺品有金、木、土、石、布五个分类。通过排列组合，可以两项组合或多项组合。这样可以出现无数种陈设艺术品创作思路。我们常见的有金属和木的组合、金属和织物的组合、藤和陶艺的组合、木和纺织品的组合等。这样的思路提供给陈设设计师进行符合空间需求的原创设计以充分的素材。

图22　　　　　　图23

4. 具有云南趣味和审美价值的插花艺术

（1）花艺的自然属性

由于云南所处地理位置特殊性，纬度和海拔存在明显差异，所以形成了不同的植物面貌，也带来了不同的插花风格。这是一个很有趣的现象，使得云南的陈设设计师有得天独厚的条件，了解到在不同气候条件下植物的伴生关系，通过细致的观察，创作出千变万化的发乎自然的花艺主题。这使空间点缀了更加生动、别致、毫不矫揉造作、自然生长的花艺作品。由于昆明斗南花市在国际上的重要地位，昆明的设计师可以将花艺制作归于日常。这也恰恰吻合了云南民族民间艺人创作的洋洋洒洒、信手拈来的创作状态。

（2）象征意义的植物所代表的特殊含义

在空间中，花艺有时承载的不仅仅是装饰的作用，也具备一定的象征意义。例如，上海的"花吃菌煮"餐厅项目的门厅花艺，使用的是民间竹篓作为花器，干枝和野果带来远方山野的气息。

在主花材的应用上，选用了丽江、中甸地区的格桑花，并注重花茎的柔软度。即便是在空调环境中，也能感受到山谷清风。这组花艺的用意十分明显，这样悠然质朴的风格，正是以野生菌经营为主的餐厅所要表达的主题。同时在上海的花艺设计中显然是独特的，也是高级的（图24）。

再例如，"元阳·香典十二庄园精品民宿"项目的客房花艺，花器选用的是民间的腌菜缸。主枝是当地茶山干燥半年以上的干枝。这样，上面的寄生植物得以保留，带给客房近在眼前的茶山的气息。主花是星状仿真乔木野花，这是高海拔山区的花材特征。这样的组合关系，主题鲜明，印象深刻，像是山里姑娘灿烂的笑容（图25）。

图24　　　　　　图25

五、结语

当代中国空间设计正处在一个全球化的过程当中,每个民族、每个国家、每个人群,甚至到每一个人都比任何时候更珍惜自己的个性。

在全球化的同时,地域化、民族化、个性化的趋势也会越来越顽强、越来越强大。这种趋势无法阻挡,在我们提出文化自信的当下,深入地研究地域化、民族化与当代空间、陈设艺术设计的关系,正如云南自然、人文呈现出的精神所在:真诚、纯粹、温暖、朴雅,这是一种力量,让我们足以谦恭、勤勉,为文化的挖掘与创新面朝黄土、背朝天地耕耘。

参考文献

[1] 纳张元. 民族性与地域性:由云南民族文学引发的思考. 在少数民族地区文学发展论坛上的发言. 鲁十二校友、大理学院文学院院长,2011.

[2] 李纶. 云南民族民间工艺的美学特征[A]. 昆明理工大学,2013.

博物馆资源设计研究
Research on Cultural Creative Product Design Based on the Resources of Museum

武汉理工大学 艺术设计学院，4×4 责任导师/王双全 教授
College of Art and Design, Wuhan University of Technology, 4×4 Responsibility Tutor
Prof. Wang Shuangquan

摘要：目的是针对湖北省博物馆大量的历史文化资源，提出博物馆文创产品系统设计流程，以此来促进湖北省乃至全国文创产业发展及设计方法研究。方法：从产品设计视角，针对湖北省博物馆现有文创产品的开发现状，通过"文化资源符号提取、产品载体选取、消费者需求创意发现、产品美学打造"四个环节确定博物馆文创产品设计方案。结论：提出文创产品设计的新方法、新系统。通过需求限制为博物馆文创产品进行量身设计，以此促进文化的传播和文化创意产业的健康发展。

关键词：湖北省博物馆；文化创意产品；消费者需求；设计美学

Abstract: Objective It aims at the historical and cultural resources of the Hubei Provincial Museum, puts forward the design process of the cultural products system of Hubei Province in order to promote the development of cultural creative industry in Hubei province and the whole country and the design method. Method From the perspective of product design, It aims at the present situation of the existing product development of the museum in Hubei Province. The final scheme of the museum product design is determined through cultural resources symbol extraction, the product carrier selection, the consumer demand creation discovery, the product aesthetics to create four links. Conclusion Proposing a new method of product design, new system, the study promotes the spread of culture and cultural and creative industries of the healthy development through the demand for the museum for cultural products tailored design.

Key word: Hubei provincial museum; Cultural creative product; Consumer demand; Design aesthetics

近年，国家出台大量文创产品扶持政策（表1），文化产业因此迅猛发展。总体而言，文创产品的发展已进入战略转型期：国家大力发展特色文化、区域地方文化，拓展传统产业渠道，将文创产品开发普及化，为提高国家软实力、提升国家文化的国际影响力做重要战略准备。

针对博物馆文创产品而言，虽然也取得了一定发展，但仍处于探索阶段，尚存在诸多不足。主要体现在以下方面：第一，博物馆文化创意产品缺乏特色。多数博物馆商品种类、造型雷同单一，产品严重缺乏创意；第二，产品品质有待提升。文化作为上层建筑，是精良和品质的代表。现有厂家大多只关注利益，其行径与文创产品的特性背道而驰；第三，当前博物馆文化对生活的融合度不高。在大数据时代，如果博物馆文创产品不贴近生活，势必造成文化的孤芳自赏、曲高和寡，脱离使用人群的现实性需要。

文创产品不同于普通产品，它是针对特定文化的创意性表达，其特点是以文化为根本，注重形式上的美观性，强调产品功能上的实用性，是一个将文化、功能、审美与创意紧密结合的"有机"整体。"有机"是指在生活中存在合理的、适合产品使用情景的、避免生搬硬套的、迎合消费者审美品位的。本文以湖北省博物馆为例，对博物馆内现有文创状况进行设计评估，并通过"博物馆符号提取、产品载体选取、消费者需求创意发现、产品美学"打造四个环节，为湖北省博物馆提供立体式文创产品的开发模式，同时优化当前博物馆文创产品设计与开发流程。

历年文化创意行业政策汇总　　表1

年份	相关政策
2006	在《中华人民共和国国民经济和社会发展第十一个五年规划纲要》第十二篇《加强社会主义文化建设》第四十四章中明确指出：丰富人民群众精神文化生活，积极发展文化事业和文化产业，创造更多更好适应人民群众需求的优秀文化产品。加强文化自然遗产和民族民间文化保护
2014	国务院出台了《参与推进文化创意和设计服务与相关产业融合发展的若干意见》明确了文化创意和设计服务与装备制造业、消费品工业、建筑业、信息业、旅游业、农业和体育产业融合发展的重点任务
2015	中共中央办公厅、国务院办公厅印发了《国家"十三五"时期文化改革发展规划纲要》要扩大文化消费。增加文化消费总量，提高文化消费水平。创新商业模式，拓展大众文化消费市场，开发特色文化消费，扩大文化服务消费
2016	92家单位成全国博物馆文化创意产品开发首批试点单位
2017	文化部办公厅发布《关于申报2017年度文化产业发展专项资金的通知》（财办文〔2017〕25号），积极推动文化产业转型升级

一、湖北省博物馆文创产品开发现状

1. 湖北省博物馆历史文物资源丰富

湖北省博物馆作为国内首屈的大型历史文化综合性博物馆，拥有着丰富的本土文化资源，如湖北省博物馆有华夏规模最大的古乐器陈列馆。馆藏文物现有26万余件套，国宝级历史文物16件套，国家一级历史文物945件套，其中青铜器、漆木器、玉器、简牍都极具特色。越王勾践剑、曾侯乙编钟、郧县人头骨化石、元青花四爱图梅瓶为该馆四大镇馆之宝。这些文物都是荆楚传统历史文化的良好载体。因此，湖北省博物馆在开发博物馆自身文化上具有得天独厚的优势。

2. 湖北省博物馆举办文创设计竞赛

湖北省博物馆对文创产品开发研究高度重视。早在2014年博物馆就敏锐地发现了博物馆文化产品开发平台的巨大发展潜力，花费百万举办了文化产品创意设计大赛，借此吸纳全国优秀设计方案与人才。大赛涌现出一大批将湖北省博物馆馆藏文化与产品结合的优秀创意，如鸳鸯香薰炉及鸳鸯首饰盒、玉纹珐琅手镯等（图1）。

图1　鸳鸯香薰炉及鸳鸯首饰盒、玉纹珐琅手镯

其中，曾侯乙编钟挂坠、曾侯乙玉玦、元青花四爱图梅瓶挂坠（图2）是以博物馆镇馆之宝曾侯乙系列文物和元青花四爱图梅瓶为原型设计而来，与传统玉石挂坠进行结合，整体形态精简，完整地将博物馆文物文化特性与产品进行融合。

3. 湖北省博物馆现有文创产品分析

湖北省博物馆现有文创产品开发主要分为两类：一是传统仿制经典，另一种是文化创意类产品。传统仿制经典完全保留材质、大小、工艺以及表面纹饰，将馆内的典藏文物进行完整的"经典还原"，属于较为传统的设计

图2 曾侯乙编钟挂坠-曾侯乙玉玦-元青花四爱图梅瓶挂坠

品类。文化创意类产品开发区别于传统仿制品,其实质是将文化融入人们的生活,隐性地将文物色彩、材质、形态、图案、形象等文化符号与生活用品进行结合,属于对博物馆文物饱含文化的深层次挖掘(表2)。

湖北省博物馆文创产品开发品类 表2

品类	产品类型
传统仿制经典	
文化创意类产品	

从以上文创产品的开发可以发现以下几个问题:(1)品类单一,对于馆藏文物的开发力度不够;(2)符号语言单一,图案符号重复出现;(3)创新力度不足,产品独特性匮乏,对游客吸引力不足。

二、湖北省博物馆文创产品设计流程

湖北省博物馆文创产品开发以市场调查、需求确定产品载体、符号提取、产品美学打造四个环节进行逐层打造。其流程见图3。

1. 文化创意产品市场调查

(1)全国文创产品市场分析

当前文化创意产品市场鱼龙混杂,博物馆文化产品的发展受到巨大阻碍。如果按照传统的设计方法,直接将文化符号与普遍的产品载体进行融合,将会是一个复杂且效率不高的庞大工程,设计效益收效甚微。从2014年以来,国家大力支持文化创意产业,博物馆文化创意产业取得巨大发展。通过研究2014年中国文化创意产业最具人

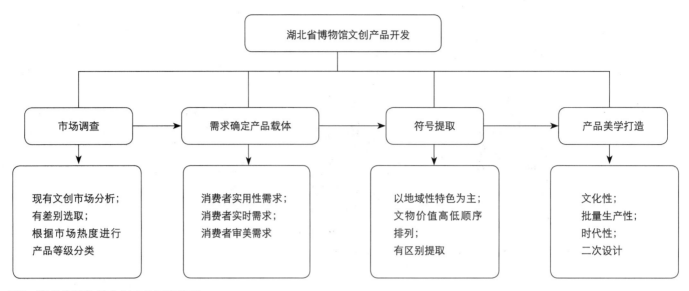

图3 湖北省博物馆文创产品开发流程

气十大文创产品（表3），总结出博物馆文创产品的一些规律，并以此来分析当前的博物馆文化创意市场，总结出以下几个特征：

1）畅销产品设计小而精巧，价格实惠；2）文创产品造型美观，对基础功能无影响，且非常实用；3）想法新颖且富有创意，形态造型极具个性；4）每个产品都是以当地特色文化为源将文化与产品结合；5）文创产品设计在日常生活用品、小型消费电子用品、办公用品、艺术品甚至食品方面有着不错的发展前景。

2014年中国文化创意产业最具人气十大文创产品　　　表3

排名	产品名称	设计领域
Top 1	台北故宫博物院朕知道了胶带	生活用品
Top 2	北京故宫博物院朝珠耳机	消费电子
Top 3	北京故宫博物院如朕亲临，奉旨旅行腰牌卡	办公用品
Top 4	青岛出版集团《青岛城事绘》	艺术品
Top 5	苏州博物馆	食品
Top 6	意外原创设计墨竹挂钟	生活用品
Top 7	印象蒙古马头琴U盘	消费电子
Top 8	南京夫子庙秦淮礼物店盐水鸭别针	生活用品
Top 9	IdeaDao回避肃静苍蝇拍	生活用品
Top 10	南京六朝博物馆六朝魔方	娱乐游戏

（2）按照市场文创产品热度进行分类

通过对历年文创产品品类进行汇总，可划分为：生活用品类、消费电子类、服饰品类、办公文具类、艺术品类、印刷品类、家具及陈设品、图书音像类、玩具类、游戏娱乐类、酒水食品类以及其他类。根据当前市场需求热度进行文化创意产品的区别性开发，顺应市场要求以及消费者期望，对于高热度产品进行重点开发，对于普通文创品类，要结合博物馆的实际需求——地域文化需求进行有区别开发（表4）。最终形成多层次、多领域、多系列的，有自己特色的文创产品设计品牌。

2. 根据消费者需求确定产品载体

在针对湖北省博物馆的文化载体（设计对象）选取上，从消费者实用性需求、消费者实时需求、消费者审美

文创产品设计等级分类及特性要求　　　　　　　　　　　　　　　　　　　　　　　　　　　　　　　　　　　　表4

品类	名称	特性要求	优先级
日常生活用品	背包、钱包、钱罐、卡套、水杯、杯垫、抱枕、小型家具、生活类其他产品等	实用性	高
小型消费电子用品	U盘、鼠标、鼠标垫、充电宝、手机壳、手机扣、耳机等便携电子附属用品	独特性 通用性	高
办公文具用品	笔、本、书包、书写工具、桌面用品等	特色性	高
艺术品	陶瓷、青铜器、玉器、雕塑、竹简制品等	艺术性	中
食品	酒水、零食、当地特色小吃等	独特性 地域性	高
其他	地域特色代表品类	地域性 特色性	中

需求三个角度进行选取：

（1）根据消费者的实用性需求确定设计对象（大众人群）

消费者在日常生活、工作、休闲中会用到各种产品，这时，用户注重的是产品的实用性，他们需要一些好用的产品。这种心理称之为消费者的实用需求心理。实用性的文创产品开发的前提是要保证产品功能的正常化、合理化实现，同时具有美观的造型。在产品类型选取上，遵循三个原则：1）生活必备性；2）使用高频性；3）体积中小型。如水杯、杯垫、储钱罐、U盘、笔等。

（2）根据消费者的实时需求确定产品载体

随着人们生活水平的提高，旅游逐渐成为休闲生活的重要选择。博物馆作为重要的文化旅游地，在节假日期间，客流量大，因此就产生了巨大的文创产品需求。产品的实时需求就是从消费者进入博物馆的大门，从大门到主场馆，从主场馆到副场馆，再到娱乐休闲空间的每一个过程中，根据消费者的基本生理需求和周边文物展览特色，进行量身化的文创产品打造，使消费者能够在特定的地点购买到特殊的文化创新产品（表5）。

（3）根据消费者的审美需求确定产品载体（高端人群）

消费者的审美需求区别于生理、心理需求，它是人类对于生活品质的享受，是主体对客观感性形象的美学属性的能动反映。当我们看到异于我们生活世界观的文化事物时，会本能地产生新奇和探索的想法。湖北省博物馆文物是一笔丰富的文化资源，通过对文化符号进行转化加工获得造型美观的艺术品，可以满足高端人群的审美需求。

湖北省博物馆旅游过程实时需求分析　　　　　　　　　　　　　　　　　　　　　　　　　　　　　　　　　　　　表5

产品	玩具木剑、水杯、艺术装饰品、纪念品、玩具萌宠、办公文具：笔、本子、便签条、丝巾、青铜工艺品、红色革命系列玩具战棋、礼品、便签等	仿制工艺品	乐器、生活系列文创
文物	曾侯乙系列文物：曾侯乙铜鉴缶、曾侯乙联禁铜壶、曾侯乙编磬、曾侯乙铜鹿角立鹤、曾侯乙大尊缶、曾侯乙云纹金盏和漏匕、曾侯乙16节龙形玉挂饰等楚国车马坑，梁庄王墓系列金器、玉器、瓷器等；九连墩系列：漆木器、铜器、石器、竹器、陶器、骨器、玉器、麻织物、铁器、皮制品、丝织品、草织物、金器、银器、铅锡器、果核、动物骨骼等；书写历史系列：秦汉简牍和书写工具实物；系列漆器代表；土与火的艺术系列：土瓷器；郧县人头骨；屈家岭系列石器；盘龙城的建筑技术、青铜工艺、玉器风格、陶器特征；董步武、李先念等杰出英雄	越王勾践剑、彩绘车马出行图、透雕彩绘动物小坐屏、人骑骆驼灯、"楚王䣄肶加"鼎、楚王孙渔戈、楚屈子赤角铜簠、九连墩2号墓青铜编钮钟、九连墩楚墓出土玉器等	编钟展示、编钟舞台剧表演

续表

遗址文化	曾侯乙墓、梁庄王墓、书写历史、古代瓷器专题展、九连墩纪事、郧县人、九连墩纪事、秦汉漆器艺术、土与火的艺术、屈家岭文化、盘龙城文化、荆楚百年英杰	纪南城遗址、望山楚墓、包山楚墓、九连墩楚墓、郭店楚简	编钟演奏表演
场馆	博物馆主厅	楚文化馆	编钟文化馆

展览游览顺序

过程	体验前	体验中	体验后
产品	博物馆攻略书籍、博物馆手绘图、博物馆建筑系列挂饰、食物、水、"到此一游"纪念品	水、纪念图册、各种文物复制品、创意产品、雨伞、扇子	明信片、纪念卡、地域特色小吃、酒食

3. 根据文物价值高低顺序进行符号提取

博物馆文化资源符号的提取包含的内容很多，既有博物馆文物这种有形的记录古代文化的实体物品，也有以人们精神意志为传承的无形文化遗产。

对于湖北省博物馆文化的研究，首先应该考虑的就是这些丰富的文物资源的文化符号提取。在湖北省博物馆文化符号的提取时，应按照以地域代表文化为主，以文物价值高低分级的形式对文物进行有区别地最大价值化开采（表6）。

湖北省博物馆文物设计价值等级排列　　　　表6

文物类型	文物名称	文物特性	文物开发价值
镇馆之宝	越王勾践剑 曾侯乙编钟 郧县人头骨化石 元青花四爱图梅瓶	地域性、代表性、传承性 地域性、系列性、传承性 独特性 艺术性、独特性	极高
国宝级文物（除镇馆文物）	曾侯乙铜鉴缶、曾侯乙联禁铜壶、曾侯乙编磬、曾侯乙铜鹿角立鹤、曾侯乙大尊缶、曾侯乙云纹金盏和漏匕、曾侯乙16节龙形玉挂饰、健鼓铜座、漆奁画、大玉戈、云梦睡虎地秦简、彩漆凤鹿木雕座屏、饕餮纹铜鼓、错金银龙凤铁带钩	地域性、系列性、独特性	高
一级代表文物	铜爵、系列兵器、日月天王镜、七乳七兽镜、系列钱币、错银凤纹铜樽、凤纹熏杯、系列灯具、系列漆木器、金镶宝石白玉镂空云龙帽顶、冕冠、系列竹简、系列云纹玉器	系列性、体验性、艺术性	中

符号提取从产品设计角度出发，以色彩、材质、肌理、结构、形态、工艺六要素对博物馆文物符号进行深层次的挖掘。这一过程为设计者的设计活动提供充足的设计素材，使设计者能够深层次地了解文化，从而设计出更符合地域特征的文化创意产品。如图4，为蓝牙音响与博物馆曾侯乙编钟相结合设计出的文创产品编钟音响，其设计正是依据对湖北省博物馆四大镇馆之宝文化符号元素的提取（表7）。

表7 湖北省博物馆镇馆之宝文化符号提取

文化要素	越王勾践剑	曾侯乙编钟	郧县人头骨	元青花四爱图梅瓶
色彩图案				
材质	青铜	青铜	骨头	陶瓷
肌理	铸纹	兰花纹	骨纹理	青花纹
结构	握柄剑体	共振钟形腔体	头骨	小口大肚瓶
形态	剑形	"合瓦"形	头骨	瓶形
工艺	青铜冶炼	失蜡法青铜铸造	无	青花施釉

图4 编钟音响设计（石开工艺）

4. 博物馆文创产品设计方法

（1）博物馆文创产品设计应突出体现文化性

博物馆文创产品的开发不能一味地追求造型上的别具一格和形式上的与众不同，同时也要注重"文化"这一文创产品设计的根本元素，传承博物馆的精神文化内涵，注重博物馆文物文化性的表达。一个成功的博物馆文创产品，只有蕴含了独特的当地馆藏文化才能更具有生命力，满足参观者的精神文化需求。这要求设计者在设计时首先要注重产品文化性的表达，其次满足其实用性，做出有文化、有特色的优良设计作品。

（2）博物馆文创产品应满足批量化大生产特点

博物馆文创产品不等同于艺术品和手工艺品，其生产需要满足工业化批量生产的特点。所以在设计符号的提取和设计符号的应用上应尽量做到最简化，产品的颜色、材质、表面工艺、结构、造型都应满足大批量生产的要求。如图5，为博物馆文物立体贺卡设计方案。

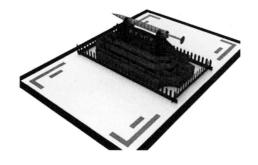

图5　博物馆文物立体贺卡设计

（3）博物馆文化创意产品应紧密结合时代特点

一个时代有一个时代的文化特色，它是当时社会人们精神状态和社会文明的表现，也是当下社会工业、农业、手工业的集中体现，而这些都会对那一时期产品的风格产生一定的影响。因此，博物馆文创要紧跟时代的步伐，与当今时代流行元素进行紧密结合。例如，当下的大数据时代，人们与互联网的关系紧密，QQ、微信、淘宝、游戏等一系列萌系网络视觉传达图像在我们的生活中随处可见。长此以往，视觉图像在人脑中的神经反射形成，人们的审美观、价值观也会在无形中发生微妙的改变，萌系美感也由此产生。

（4）文创产品的二次设计：有故事、有情趣、系列化

产品的外形只是表象，精神才是内在核心本质。博物馆文创产品的设计如果只是单纯地将文化符号与设计进行结合，其产生的附加值较低。所以应深入发掘文物背后的文化内涵、故事背景。用讲故事的方法对博物馆文创产品进行升华设计，提升博物馆文创产品的文化品位，形成博物馆自己的设计品牌。如图6，为高山流水茶台设计，其中蕴含着高山流水遇知音的历史文化典故，增强了其文化底蕴。

图6　高山流水茶台

三、结语

湖北省博物馆的文化创意产品研究,是针对湖北省博物馆文创产品开发现状进行的基础性研究。它通过"市场调查、产品载体确定、符号提取、产品美学"四个环节为湖北省博物馆进行文创产品的二次开发,针对湖北省博物馆的文物进行符号提取,然后结合全国文创产品市场现状确定开发品类,接着根据消费者的实用性需求、实时需求和审美需求产生大量设计创意,同时限制文创产品开发品类,减低设计开发难度,将博物馆的文化性摆在首位,结合时代特点,生产出有故事、有情趣、系列化的文创产品。这一分析方法紧密结合市场,以消费者需求为导向,将设计的环节环环相扣。通过这种设计流程,可以推进博物馆文创产品的开发,同时为其他博物馆提供借鉴和思路,进而促进国家文化创意产业的健康发展。

参考文献

[1] 林瑞,王玉柱,华觉明等. 对曾侯乙墓编钟的结构探讨[J]. 江汉考古,1981,(S1):20-25.
[2] 董旸等. 基于沈阳故宫历史文化的文创产品设计研究[J]. 包装工程,2017,(4):11-16.
[3] 尹金海,高雨辰,李姝昱. 沈阳满清文化特点的创意产品设计研究[J]. 包装工程,2017,(4):33-38.
[4] 任宏,苏阳,刘洋等. 沈阳满故宫文化衍生品创新设计策略与途径研究[J]. 包装工程,2017,(4):1-6.
[5] 杜辉,高羽鑫,漆婷婷等. 博物馆文化创意产品消费者行为分析[J]. 中国博物馆,2016,(2):106-111.
[6] 朱云玲. 博物馆文化创意产业的发展研究[J]. 大东方·文化视野,2015,(11):68.
[7] 邢致远. 博物馆文化创意产业模式与产品研究[J]. 艺术百家,2014,(C1):18-22.
[8] 何婷. 从故宫文创产品开发设计浅析文化创意产品设计中的文化符号化表现[J]. 教育科学,2016,(3):43-44.
[9] 罗真. 故宫变萌记[J]. 中欧商业评论,2016,(1):90-97.
[10] 邓君. 关于博物馆文化创意产品开发的建议[J]. 科技与创新,2017,(5):13-14.
[11] 朱梦雪. 基于游客视角下的博物馆文化创意产品开发与营销研究——以成都武侯祠博物馆为例[J]. 企业导报,2015,(19):105-106.
[12] 王颖,施爱芹. 论博物馆文化创意产品开发设计的创新思路[J]. 包装世界,2015,(4):86-87.

设计教学目标与实践课题完成差异性的思考
On the Discrimination between the Completion of Practical Project and Target of Design Teaching

齐齐哈尔大学 美术与艺术设计学院/焦健 副教授
College of Art and Design, Qiqihaer University
A. /Prof. Jiao Jian

摘要：在"2018创基金·四校四导师·实验教学课题"完成的过程中，经常出现学生的设计思路与最初设定目标偏离甚至是背离的现象，从实践课题的确立到初步方案的形成再到课题方案的深化，每个阶段都会反复出现设计方案与课题的初始目标偏离而产生的差异性，这种差异的程度、性质与内容不尽相同。为了便于实践教学，结合在此次实践教学课题出现的上述现象，进行具体分析以便找出规律，供同仁们在实践教学中参考与探讨。

关键词：实践教学目标；差异性；设计实践教学

Abstract: In the implementation of the 2018 Entrepreneurship Fund · Four Schools Four Tutors · Experimental Teaching Project, the discrimination between the students' design and the original target of the project occurs often and even deviation from the formation of the project to its development stage. The degree, nature and contents are varied. For the convenience of the practice of teaching, and the reference and discussion for the peers in the study, the paper intends to analyze the phenomenon mentioned in order to find the general rules.

Key words: Practice teaching target; Discrimination; Design practice teaching

"2018创基金·四校四导师·实验教学"课题背景是以河北省承德市兴隆县郭家庄为基地，进行美丽乡村建设而展开的。经过前期调研与实地考察，学生对资料的收集与整理分析后，进行开题并设定实践设计课题目标。笔者所辅导的研究生课题方向为：乡村景观的交通与安全和景观节点的再整合，学生课题的具体标题是："乡村景观规划中的交通系统与存储空间设计研究"。选择此课题主要是基于以下两个原因：一是鉴于参与此次课题绝大多数同学选题多是关于美丽乡村整体景观规划设计方向，为了避免本次课题同学间的选题过于集中，对选题而言就景观设计的某一特定角度进行研究；二是针对当下乡村景观设计中存在实际问题，试图通过此次实践教学找到行之有效的解决办法，从另外的角度讲，也试图通过特定角度的选题，锻炼学生在此次实践教学中的设计思考能力、专业综合能力和与实践结合的综合能力。

本文力图通过对辅导实践课题的个案和在实践课题每个阶段答辩中同学出现的共性问题，来剖析实践教学中存在问题的根源和寻求解决实践教学的系统办法。

一、问题的个性与共性

"创基金·四校四导师·实验教学"作为一种新型实践的教学模式，旨在打破高校间的教学壁垒，集合了国内业界知名的教授学者、设计师，工程界的知名人士和环境艺术领域的骨干教师为辅导团队，为中国环境艺术设计实践教学开创了前所未有的实践教学模式。学生在规定的基地上进行设计，教学指导方式由个别辅导和导师团队辅导相结合的方式进行，在实践教学实施的过程中，课题的纵向深入，是由指导教师进行个别指导的，而横向的专业辅导是由导师团队以课题阶段答辩的形式进行的，阶段性答辩分为初期答辩、中期答辩和终期答辩，在这样"横、纵"课题设计指导过程中，对于学生而言应该是收益最大化的。尤其是在横向高校间联合上，现以发展到包括匈牙利佩奇大学在内的国内外20所高校参与此项实验教学课题。在校际间横向的交流中导师之间、同学之间相互学习相互促进，同时也搭建了一个教育信息的共享平台。此项实践课题在2018年已经进入第十个年头，作为实验教学的新型模式，为业界教师之间和学生之间的交流搭建交流平台的同时，也积累了许多宝贵的实践教学经验，并在行业内产生了一定的影响力。

随着实践课题时间的推移，在课题辅导过程中个性与共性问题逐渐显现出来，现将出现的问题进行归类并加以分析总结，供同仁们一起探讨。

图1 师生在匈牙利终期答辩合影

1. 个性问题

学生由于学缘、学校与个人的差异，其专业能力水平、知识结构、认知能力与掌握专业知识能力都相差很大。学生在课题的完成过程中出现的问题也不尽相同，学生个体问题出现主要体现在：（1）对调研资料分析不够充分与透彻，比如前期调研的内容往往是对基地的自然地理区位、气候条件、主要物产、民俗文化等资料的罗列，而对当地的历史文化、民俗特点挖掘不够，尤其对于乡村建设中所规划设计的对象——农民的生产方式与生活方式知之甚少，没有提炼性较强的分析与整理的资料；（2）初步设计方案逻辑性不强，方案整体性和系统性较差，比较破碎。比如在郭家庄村内有省级高速公路穿过村庄，其实在安全性上已经存在安全隐患，但是个别同学的设计案例中还要"充分利用"高速公路的交通资源，在高速公路两侧修建商业街和店铺，加大了当地居民生活的不安全因素；另外一个问题是在整体的村庄地块规划与衔接上，虽然考虑到地形和原有民宅的肌理因素，但是在规划设计中相互衔接过于突兀，功能分区衔接逻辑性差；由于郭家庄村的范围是一个狭窄条形的区域，在规划商业网点的位置上，个别同学将商业网点放置在了村庄的一端，给村庄里生活的农民带来不便；（3）个别案例中存在相关设计法规意识薄弱，方案的可行性不强。比如在中期答辩中有一份案例将村民活动中心设置在河水行洪区内，可见学生在考虑设计方案时没有相应的法规意识。

2. 共性问题

在各阶段性答辩过程中，大多数学生最初设定的目标都是经过充分调研与具体分析过程，而形成的答辩阶段成果，因此，在设定的课题终极目标上都是清楚合理的。但是在深入设计时就会出现这样或是那样的问题，如：（1）设计方案"天马行空"，主观性较强，不切合实际；（2）过度强调视觉效果，设计流于表面形式，没有真正从实质上解决问题；（3）选择的材料与设计样式，或是流于当下乡村设计套路化的复制，没有创新，或是设计样式现代气息过浓，没有凸显乡村特色化等现象。基于上述问题，其暴露出学生在专业基础学习上的缺陷。基于以上存在的问题，因此，强化专业基础是此次课题设计中的重要教学部分。

二、实践教学问题解析

1. 学生认知的片面性导致设计思考的差异

由于学缘的原因,学生的知识结构与知识层次都不尽相同,各学校的教学侧重点也有差异,在教学选题与辅导的侧重点上也就出现差异化。本文所指的差异性是学生设计能力的差距,产生差距的原因主要是学校教学的差异和学生自身知识结构差异等因素造成的。主要体现在课题前期学生对资料收集与整理提炼的能力差异,有的同学能够深入有效地对课题资料进行研究与分析,并能够将资料运用到设计当中。而有的同学只是将调研的资料加以罗列,分析的方法和分析能力表现得较弱。产生这个结果的直接原因,应该是学生专业基础的差异性和实践课题接触的多少造成的。

2. 认知局限性与课题目标完成的差距

硕士研究生阶段的学习,应该是建立在本科教育或是等同于完成本科教育的基础上进行的,但是由于学生个体专业基础知识的差异,而影响到对课题完成的质量。学生除了专业基础知识的差异外,还有个体工作能力的差异性,指导教师的主导差异性,都是限制学生完成课题的因素。由于个别同学专业知识宽度不够,导致在进行课题设计时的片面性和局限性。

3. 关于设计实践教学的改进思考

景观规划设计是一门实践性很强的学科,怎样通过实践教学环节让学生能够循序渐进地将理论知识运用到实际的课题当中,是实践课程的主要教学目标之一。此次实践课程就是为了加强这一环节的实验性教学,课题的完成是通过初期、中期、最终答辩三个阶段的集中教学和各自导师的个别辅导为核心的两个教学环节。

课题教学优势:(1)由于集合了高水平的导师团队,学生在答辩的过程中能得到导师团队的综合指导,使学生解决问题的能力得到大大提升;(2)在课题实际操作中,学生能够找到知识结构性的漏洞,并加以弥补;(3)加强学生间的横向交流与促进,开阔学生的视野。

课题教学的思考:(1)课题集中答辩辅导时间短,由于学生人数多,答辩时间有限,学生答辩内容不能展开,使得学生得不到深入指导;(2)课题研究的内容层次差别较大,课题研究的内容难度不尽一致。

三、解决问题的方法

突出学生的主体定位,一直是教育机构和学校倡导的教学理念,学校教育与学生个体差异化教学的补偿关系,怎样打好共性的专业基础,又能够使学生个性化得到发挥?这也是当下学校教育急待解决的问题。共性的专业基础知识应该加强,同时对学生自身个体的设计方法、思维方式的培养与引导,也应是值得重视的教学内容。

图2引自青岛理工大学贺德坤老师参与"2016创基金·四校四导师·实验课题"一篇文章对于教学目标的解析,笔者比较认同。只有将方法能力、专业能力、沟通能力恰当结合才是专业实践的综合能力。

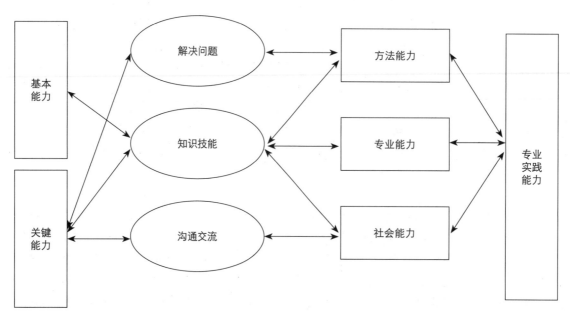

图2　工作过程导向课题教学目标

四、结语

在实验教学阶段中,对于学生而言,突出专业知识、加强沟通能力、加强解决问题的综合能力是实践教学的目标。同时,在实验教学活动当中,学生间的互动、团队精神的培养,也是此次实验教学活动的主旨。培养学生的设计创新能力、培养多元化的思维方法、培养对课题目标性的专注力和避免在设计过程出现设计结果与最初既定目标偏离,仍然是以后实验教学中需要探索的内容。

参考文献

[1] 王铁. 踏实积累:2016创基金·四校四导师·实验教学课题[C]. 中国建筑工业出版社,2016.